# 大数据理论与决策研究

赵 佟◎著

吉林出版集团股份有限公司

**图书在版编目（CIP）数据**

大数据理论与决策研究 / 赵佟著. — 长春 ：吉林
出版集团股份有限公司，2022.9
ISBN 978-7-5731-1976-6

Ⅰ．①大… Ⅱ．①赵… Ⅲ．①数据处理—研究 Ⅳ.
①TP274

**中国版本图书馆 CIP 数据核字 (2022) 第 157235 号**

## 大数据理论与决策研究

| | |
|---|---|
| 著　者 | 赵　佟 |
| 责任编辑 | 白聪响 |
| 封面设计 | 林　吉 |
| 开　本 | 787mm×1092mm　1/16 |
| 字　数 | 200 千 |
| 印　张 | 9 |
| 版　次 | 2022 年 9 月第 1 版 |
| 印　次 | 2022 年 9 月第 1 次印刷 |
| 出版发行 | 吉林出版集团股份有限公司 |
| 电　话 | 总编办：010-63109269 |
| | 发行部：010-63109269 |
| 印　刷 | 北京宝莲鸿图科技有限公司 |

ISBN 978-7-5731-1976-6　　　　　　　　　　　定价：68.00 元

# 前　言

　　大数据是人类进入信息化时代的产物和必然结果。"大数据发展的核心动力来源于人类测量、记录和分析世界的渴望"，而这种渴望又源于人类努力改善自身生存和生活状况的无尽追求。

　　人类把握和运用自然规律的能力越强，社会经济和科学技术就越发展；社会经济和科学技术越发展，人类揭示和运用自然规律的愿望和需求就越强烈，结果是获取和存储的观测数据越来越多。伴随着近代传感器、无线通信、计算机与互联网等技术的迅猛发展及在各个领域的广泛应用，人类获取数据的手段和途径越来越多、成本越来越低、速度越来越快，所获数据的种类、层次和尺度也越来越多样化，这就在广度、速度和深度三个方面催生了大数据时代。

　　大数据时代的到来，撼动了世界的方方面面，从商业、科技、文化、教育及社会的其他各个领域。大数据技术和应用一方面对社会、经济和科技的发展带来了重要机遇，另一方面也对数据获取、存储、传输、计算及应用提出了全新的挑战。开展大数据技术与应用研究，是时代发展的必然要求，具有不可估量的社会经济价值和巨大的科学意义。

# 目　录

第一章　大数据与大数据时代·····················································1

　　第一节　什么是大数据·······················································1

　　第二节　大数据变革思维···················································7

　　第三节　大数据的结构类型···············································8

　　第四节　大数据的发展·······················································8

第二章　大数据技术基础·····························································14

　　第一节　大数据采集与预处理···········································14

　　第二节　大数据分析处理系统···········································26

　　第三节　大数据的可视化···················································37

第三章　大数据技术发展政策研究···········································42

　　第一节　开展大数据技术发展研究的意义·······················42

　　第二节　宏观层面国家大数据战略···································43

　　第三节　中观层面大数据技术产业政策···························49

　　第四节　微观层面企业大数据政策及项目政策···············53

第四章　大数据决策模式研究···················································56

　　第一节　基于大数据的图书馆读者决策采购模式···········56

　　第二节　基于大数据的公共决策模式·······························60

　　第三节　基于大数据的公共价值决策模式·······················67

　　第四节　基于大数据分析的政府智慧决策新模式···········74

　　第五节　大数据驱动的智能审计决策及其运行模式·······82

　　第六节　大数据背景下的政府"精准决策"模式···············88

第七节　基于医院大数据的基层医疗机构诊疗决策支持模式 ………………93

第五章　大数据决策的实践应用研究 …………………………………………98

第一节　大数据时代城乡规划决策及应用 ……………………………………98

第二节　健康大数据在药物经济决策中的应用 ………………………………101

第三节　大数据在政府决策中的应用 …………………………………………102

第四节　大数据挖掘在电商市场中分析与决策的应用 ………………………106

第五节　大数据时代人工智能技术辅助检委会决策应用 ……………………109

第六节　大数据预测与决策在高校就业工作中的应用 ………………………115

第七节　大数据在基础教育管理与决策中的应用 ……………………………118

第八节　大数据在社会舆情监测与决策制定中的应用 ………………………125

参考文献 …………………………………………………………………………138

# 第一章 大数据与大数据时代

## 第一节 什么是大数据

信息社会所带来的好处是显而易见的：每个人口袋里都揣有一部手机，每个办公桌上都放着一台计算机，每间办公室内都连接到局域网甚至互联网。半个世纪以来，随着计算机技术全面和深度地融入社会生活，信息爆炸已经积累到了一个开始引发变革的程度。它不仅使世界充斥着比以往更多的信息，而且其增长速度也在加快。信息总量的变化还导致了信息形态的变化——量变引起了质变。

最先经历信息爆炸的学科，如天文学和基因学，创造了"大数据"（Big Data）这个概念。如今，这个概念几乎应用到了所有人类致力于发展的领域中。

### 一、天文学——信息爆炸的起源

综合观察社会各个方面的变化趋势，我们能真正意识到信息爆炸或者说大数据的时代已经到来。以天文学为例，2000年斯隆数字巡天项目启动的时候，位于新墨西哥州的望远镜在短短几周内收集到的数据，就比世界天文学历史上总共收集的数据还要多。到2010年，信息档案已经高达1.4×242B。不过，预计2016年在智利投入使用的大型视场全景巡天望远镜能在5天之内就获得同样多的信息。

天文学领域发生的变化在社会各个领域都在发生。2003年，人类第一次破译人体基因密码的时候，辛苦工作了10年才完成了30亿对碱基对的排序。大约10年之后，世界范围内的基因仪每15分钟就可以完成同样的工作。在金融领域，美国股市每天的成交量高达70亿股，而其中2/3的交易都是由建立在数学模型和算法之上的计算机程序自动完成的，这些程序运用海量数据来预测利益和降低风险。

互联网公司更是要被数据淹没了。谷歌公司每天要处理超过24PB(250B，拍字节)的数据，这意味着其每天的数据处理量是美国国家图书馆所有纸质出版物所含数据量的上千倍。Facebook(脸书)这个创立十来年的公司，每天更新的照片量超过1000万张，每天人们在网站上单击"喜欢"（Like）按钮或者写评论大约有30亿次，这就为

Facebook 公司挖掘用户喜好提供了大量的数据线索。与此同时，谷歌子公司 YouTube 每月接待多达 8 亿的访客，平均每一秒钟就会有一段长度在一小时以上的视频上传。推特 (Twitter) 上的信息量几乎每年翻一番，每天都会发布超过 4 亿条微博。

从科学研究到医疗保险，从银行业到互联网，各个不同的领域都在讲述着一个类似的故事，那就是爆发式增长的数据量。这种增长超过了人们创造机器的速度，甚至超过了人们的想象。

我们周围到底有多少数据？增长的速度有多快？许多人试图测量出一个确切的数字。尽管测量的对象和方法有所不同，但他们都获得了不同程度的成功。南加利福尼亚大学安嫩伯格通信学院的马丁·希尔伯特进行了一个比较全面的研究，他试图得出人类所创造、存储和传播的一切信息的确切数目。他的研究范围不仅包括书籍、图画、电子邮件、照片、音乐、视频（模拟和数字），还包括电子游戏、电话、汽车导航和信件。马丁·希尔伯特还以收视率和收听率为基础，对电视、电台这些广播媒体进行了研究。

据他估算，仅在 2007 年，人类存储的数据就超过了 300EB( 艾字节 )。下面这个比喻应该可以帮助人们更容易地理解这意味着什么：一部完整的数字电影可以压缩成一个 GB 的文件，而一个艾字节相当于 10 亿 GB，一个泽字节（ZB，2™B)则相当于 1024EB。总之，这是一个非常庞大的数量。

有趣的是，在 2007 年的数据中，只有 7% 是存储在报纸、书籍、图片等媒介上的模拟数据，其余全部是数字数据。

模拟数据也称模拟量，相对于数字量而言，指的是取值范围是连续的变量或者数值，例如声音、图像、温度、压力等。模拟数据一般采用模拟信号，如用一系列连续变化的电磁波或电压信号来表示。数字数据也称为数字量，相对于模拟量而言，指的是取值范围是离散的变量或者数值。数字数据则采用数字信号，例如用一系列断续变化的电压脉冲（如用恒定的正电压表示二进制数 1，用恒定的负电压表示二进制数 0) 或光脉冲来表示。

但在不久之前，情况却完全不是这样的。虽然 1960 年就有了"信息时代"和"数字村镇"的概念，在 2000 年，数字存储信息仍只占全球数据量的四分之一，当时，另外 3/4 的信息都存储在报纸、胶片、黑胶唱片和盒式磁带这类媒介上。

早期数字信息的数量并不多。对于长期在网上冲浪和购书的人来说，那只是一个微小的部分。事实上，在 1986 年，世界上约 40% 的计算能力都在袖珍计算器上运行，那时候，所有个人计算机的处理能力之和还没有所有袖珍计算器处理能力之和高。但是因为数字数据的快速增长，整个局势很快就颠倒过来了。按照希尔伯特的说法，数字数据的数量每三年就会翻一倍。相反，模拟数据的数量则基本上没有增加。

到 2013 年，世界上存储的数据达到约 1.2ZB，其中非数字数据只占不到 2%。这样大的数据量意味着什么？如果把这些数据全部记在书中，这些书可以覆盖整个美国 52 次。如果将其存储在只读光盘上，这些光盘可以堆成 5 堆，每一堆都可以伸到月球。

公元前 3 世纪，埃及的托勒密二世竭力收集了当时所有的书写作品，所以伟大的亚历山大图书馆可以代表世界上所有的知识量。亚历山大图书馆藏书丰富，有据可考的超过 50000 卷（纸草卷），包括《荷马史诗》《几何原本》等。但是，当数字数据洪流席卷世界之后，每个地球人都可以获得大量的数据信息，相当于当时亚历山大图书馆存储的数据总量的 320 倍之多。

事情真的在快速发展。人类存储信息量的增长速度比世界经济的增长速度快 4 倍，而计算机数据处理能力的增长速度则比世界经济的增长速度快 9 倍。难怪人们会抱怨信息过量，因为每个人都受到了这种极速发展的冲击。

历史学家伊丽莎白·爱森斯坦发现，1453—1503 年，这 50 年之间大约印刷了 800 万本书，比 1200 年之前君士坦丁堡建立以来整个欧洲所有的手抄书还要多。换言之，欧洲的信息存储量花了 50 年才增长了一倍（当时的欧洲还占据了世界上相当多的信息存储份额），而如今大约每三年就能增长一倍。

这种增长意味着什么呢？彼特·诺维格是谷歌的人工智能专家，也曾任职于美国宇航局喷气推进实验室，他喜欢把这种增长与图画进行类比。首先，他要我们想想来自法国拉斯科洞穴壁画上的标志性的马。这些画可以追溯到 17000 年之前的旧石器时代。然后，再想想毕加索画的马，看起来和那些洞穴壁画没有多大的差别。事实上，毕加索看到那些洞穴壁画的时候就曾开玩笑说："自那以后，我们就再也没有创造出什么东西了。"

回想一下壁画上的那匹马。当时要画一幅马需要花费很久的时间，而现在不需要那么久了。这就是一种改变，虽然改变的可能不是最核心的部分——毕竟这仍然是一幅马的图像。但是诺维格说，想象一下，现在我们能每秒播放 24 幅不同形态的马的图片，这就是一种由量变导致的质变：一部电影与一幅静态的画有本质上的区别！大数据也一样，量变导致质变。物理学和生物学都告诉我们，当我们改变规模时，事物的状态有时也会发生改变。

以纳米技术为例。纳米技术专注于把东西变小而不是变大。其原理就是当事物到达分子级别时，它的物理性质就会发生改变。一旦你知道这些新的性质，就可以用同样的原料来做以前无法做的事情。铜本来是用来导电的物质，但它一旦到达纳米级别就不能在磁场中导电了。银离子具有抗菌性，但当它以分子形式存在的时候，这种性质会消失。一旦到达纳米级别，金属可以变得柔软，陶土可以具有弹性。同样，当我们增加所利用的数据量时，也就可以做很多在小数据量的基础上无法完成的事情。

有时候，我们认为约束自己生活的那些限制，对于世间万物都有着同样的约束力。事实上，尽管规律相同，但是我们能够感受到的约束，很可能只对我们这样尺度的事物起作用。对于人类来说，唯一一个最重要的物理定律便是万有引力定律。这个定律无时无刻不在控制着我们。但对于细小的昆虫来说，重力是无关紧要的。对它们而言，物理宇宙中有效的约束是表面张力，这个张力可以让它们在水上自由行走而不会掉下去。但人类对于表面张力毫不在意。

大数据的科学价值和社会价值正是体现在这里。一方面，对大数据的掌握程度可以转化为经济价值的来源；另一方面，大数据已经撼动了世界的方方面面，从商业科技到医疗、政府、教育、经济、人文及社会的其他各个领域。尽管我们还处在大数据时代的初期，但我们的日常生活已经离不开它了。

## 二、大数据的定义

所谓大数据，狭义上可以定义为：用现有的一般技术难以管理的大量数据的集合。对大量数据进行分析，并从中获得有用观点，这种做法在一部分研究机构和大企业中，过去就已经存在了。现在的大数据和过去相比，主要有三点区别：第一，随着社交媒体和传感器网络等的发展，在我们身边正产生大量且多样的数据；第二，随着硬件和软件技术的发展，数据的存储、处理成本大幅下降；第三，随着云计算的兴起，大数据的存储、处理环境已经没有必要自行搭建。

所谓"用现有的一般技术难以管理"，是指用目前在企业数据库占据主流地位的关系型数据库无法进行管理的、具有复杂结构的数据。也可以说，是指由于数据量的增大，导致对数据的查询（Query)响应时间超出允许范围的庞大数据。

研究机构 Gartner 给出了这样的定义："大数据"是需要新处理模式才能具有更强的决策力、洞察发现力和流程优化能力的海量、高增长率和多样化的信息资产。

麦肯锡说："大数据指的是所涉及的数据集规模已经超过了传统数据库软件获取、存储、管理和分析的能力。这是一个被故意设计成主观性的定义，并且是一个关于多大的数据集才能被认为是大数据的可变定义，即并不定义大于一个特定数字的 TB 才叫大数据。因为随着技术的不断发展，符合大数据标准的数据集容量也会增长；并且定义随不同的行业也有变化，这依赖于在一个特定行业通常使用何种软件和数据集有多大。因此，大数据在今天不同行业中的范围可以从几十 TB 到几 PB。"

随着大数据的出现，数据仓库、数据安全、数据分析、数据挖掘等围绕大数据商业价值的利用正逐渐成为行业人士争相追捧的利润焦点，在全球引领了又一轮数据技术革新的浪潮。

## 三、用 3V 描述大数据特征

从字面来看，"大数据"这个词可能会让人觉得只是容量非常大的数据集合而已。但容量只不过是大数据特征的一个方面，如果只拘泥于数据量，就无法深入理解当前围绕大数据所进行的讨论。因为"用现有的一般技术难以管理"这样的状况，并不仅仅是由于数据量增大这一个因素所造成的。

IBM 说："可以用三个特征相结合来定义大数据：数量（Volume，或称容量）、种类 (Variety，或称多样性）和速度（Velocity)，或者是简单的 3V，即庞大数量、极快速度和种类丰富的数据。"

### （一）Volume( 数量 )

用现有技术无法管理的数据量，从现状来看，基本上是指从几十 TB 到几 PB 这样的数量级。当然，随着技术的进步，这个数值也会不断变化。

如今，存储的数据数量正在急剧增长中，我们存储所有事物，包括环境数据、财务数据、医疗数据、监控数据等。有关数据量的对话已从 TB 级别转向 PB 级别，并且不可避免地会转向 ZB 级别。可是，随着可供企业使用的数据量不断增长，可处理、理解和分析的数据的比例却不断下降。

### （二）Variety( 种真、多样性 )

随着传感器、智能设备及社交协作技术的激增，企业中的数据也变得更加复杂，因为它不仅包含传统的关系型数据，还包含来自网页、互联网日志文件（包括单击流数据）、搜索索引、社交媒体论坛、电子邮件、文档、主动和被动系统的传感器数据等原始、半结构化和非结构化数据。

种类表示所有的数据类型。其中，爆发式增长的一些数据，如互联网上的文本数据、位置信息、传感器数据、视频等，用企业中主流的关系型数据库是很难存储的，它们都属于非结构化数据。

当然，在这些数据中，有一些是过去就一直存在并保存下来的。和过去不同的是，除了存储，还需要对这些大数据进行分析，并从中获得有用的信息。例如，监控摄像机中的视频数据。近年来，超市、便利店等零售企业几乎都配备了监控摄像机，最初目的是防范盗窃，但现在也出现了使用监控摄像机的视频数据来分析顾客购买行为的案例。

例如，美国高级文具制造商万宝龙（Mont blane) 过去是凭经验和直觉来决定商品陈列布局的，现在尝试利用监控摄像头对顾客在店内的行为进行分析。通过分析监控摄像机的数据，将最想卖出去的商品移到最容易吸引顾客目光的位置，使得销售额提高了20%。

美国移动运营商 T-Mobile 也在其全美 1000 家店中安装了带视频分析功能的监控摄像机，可以统计来店人数，还可以追踪顾客在店内的行动路线、在展台前停留的时间，甚至试用了哪一款手机、试用了多长时间等，对顾客在店内的购买行为进行分析。

## （三）Velocity（速度）

数据产生和更新的频率，也是衡量大数据的一个重要特征。就像我们收集和存储的数据量和种类发生了变化一样，生成和需要处理数据的速度也在变化。不要将速度的概念限定为与数据存储相关的增长速率，应动态地将此定义应用到数据，即数据流动的速度。有效处理大数据需要在数据变化的过程中对它的数量和种类进行分析，而不只是在它静止后进行分析。

例如，遍布全国的便利店在 24 小时内产生的 POS 机数据，电商网站中由用户访问所产生的网站点击流数据，高峰时达到每秒近万条的微信短文，全国公路上安装的交通堵塞探测传感器和路面状况传感器（可检测结冰、积雪等路面状态）等，每天都在产生着庞大的数据。

IBM 在 3V 的基础上又归纳总结了第 4 个 V——Veracity（真实和准确）。"只有真实而准确的数据才能让对数据的管控和治理真正有意义。随着社交数据、企业内容、交易与应用数据等新数据源的兴起，传统数据源的局限性被打破，企业越发需要有效的信息治理以确保其真实性及安全性。"

IDC（互联网数据中心）说："大数据是一个貌似不知道从哪里冒出来的大的动力。但是实际上，大数据并不是新生事物。然而，它确实正在进入主流，并得到重大关注，这是有原因的。廉价的存储、传感器和数据采集技术的快速发展、通过云和虚拟化存储设施增加的信息链路，以及创新软件和分析工具，正在驱动着大数据。大数据不是一个'事物'，而是一个跨多个信息技术领域的动力/活动。大数据技术描述了新一代的技术和架构，其被设计用于：通过使用高速（Velocity）的采集、发现和/或分析，从超大容量（Volume）的多样（Variety）数据中经济地提取价值（Value）。"

这个定义除了揭示大数据传统的 3V 基本特征，即 Volume（大数据量）、Variety（多样性）和 Velocity（高速），还增添了一个新特征：Value（价值）。

大数据实现的主要价值可以基于下面三个评价准则中的一个或多个进行评判。

1. 它提供了更有用的信息吗？

2. 它改进了信息的精确性吗？

3. 它改进了响应的及时性吗？

总之，大数据是一个动态的定义，不同行业根据其应用的不同有着不同的理解，其衡量标准也在随着技术的进步而改变。

## 四、广义的大数据

狭义上，大数据的定义着眼于数据的性质上，我们在广义层面再为大数据下一个定义。

"所谓大数据，是一个综合性概念，它包括因具备 3V 特征而难以进行管理的数据，对这些数据进行存储、处理、分析的技术，以及能够通过分析这些数据获得实用意义和观点的人才和组织。"

"存储、处理、分析的技术"，指的是用于大规模数据分布式处理的框架 Hadoop、具备良好扩展性的 NoSQL 数据库，以及机器学习和统计分析等；"能够通过分析这些数据获得实用意义和观点的人才和组织"，指的是目前十分紧俏的"数据科学家"这类人才，以及能够对大数据进行有效运用的组织。

# 第二节　大数据变革思维

如今，人们不再认为数据是静止和陈旧的。但在以前，一旦完成了收集数据的目的之后，数据就会被认为已经没有用处了。比方说，在飞机降落之后，票价数据就没有用了（对谷歌而言，则是一个检索命令完成之后）。譬如某城市的公交车因为价格不依赖于起点和终点，所以能够反映重要通勤信息的数据被工作人员"自作主张"地丢弃了——设计人员如果没有大数据的理念，就会丢失掉很多有价值的数据。

数据已经成为一种商业资本、一项重要的经济投入，可以创造新的经济利益。事实上，一旦思维转变过来，数据就能被巧妙地用来激发新产品和新型服务。数据的奥妙只为谦逊、愿意聆听且掌握了聆听手段的人所知。

最初，大数据这个概念是指需要处理的信息量过大，已经超出了一般计算机在处理数据时所能使用的内存量，因此工程师必须改进处理数据的工具。这导致了新的处理技术的诞生，如谷歌的 Map Reduce 和开源 Hadoop 平台。这些技术使得人们可以处理的数据量大大增加。更重要的是，这些数据不再需要用传统的数据库表格来整齐地排列，这些都是传统数据库结构化查询语言（SQL）的要求，而非关系型数据库（NoSQL）就不再有这些要求。一些可以消除僵化的层次结构和一致性的技术也出现了。同时，因为互联网公司可以收集大量有价值的数据，而且有利用这些数据的强烈的利益驱动力，所以互联网公司顺理成章地成为最新处理技术的领衔实践者。

今天，大数据是人们获得新的认知、创造新的价值的源泉，大数据还是改变市场、组织机构，以及政府与公民关系的方法。大数据时代对人们的生活，以及与世界交流的方式都提出了挑战。

# 第三节　大数据的结构类型

大数据具有多种形式，从高度结构化的财务数据，到文本文件、多媒体文件和基因定位图的任何数据，都可以称为大数据。数据量大是大数据的一致特征。由于数据自身的复杂性，作为一个必然的结果，处理大数据的首选方法就是在并行计算的环境中进行大规模并行处理（Massively Parallel Processing，MPP），这使得同时发生的并行摄取、并行数据装载和分析成为可能。实际上，大多数大数据都是非结构化或半结构化的，这需要不同的技术和工具来处理和分析。

大数据最突出的特征是它的结构。不同数据结构类型数据的增长趋势，未来数据增长的 80% ~ 90% 将来自不是结构化的数据类型（半、准和非结构化）。

不同的、相分离的数据类型，实际上，有时这些数据类型是可以被混合在一起的。例如，有一个传统的关系数据库管理系统保存着一个软件支持呼叫中心的通话日志，这里有典型的结构化数据，比如日期 / 时间戳、机器类型、问题类型、操作系统，这些都是在线支持人员通过图形用户界面上的下拉式菜单输入的。另外，还有非结构化数据或半结构化数据，比如自由形式的通话日志信息，这些可能来自包含问题的电子邮件，或者技术问题和解决方案的实际通话描述。另一种可能是与结构化数据有关的实际通话的语音日志或者音频文字实录。即使是现在，大多数分析人员还无法分析这种通话日志历史数据库中的最普通和高度结构化的数据。

# 第四节　大数据的发展

发发动机每 30min 就会产生 10TB 的运行信息数据，安装有 4 台发动机的大型客机，每次飞越大西洋就会产生 640TB 的数据。世界各地每天有超过 2.5 万架的飞机在工作，可见其数据量是何等庞大。生物技术领域中的基因组分析，以及以 NASA( 美国国家航空航天局 ) 为中心的太空开发领域，从很早就开始使用十分昂贵的高端超级计算机来对庞大的数据进行分析和处理了。

现在和过去的区别之一，就是大数据已经不仅产生于特定领域中，而且产生于人们每天的日常生活中，Facebook、推特、领英（Linkedln）、微信、QQ 等社交媒体上的文本数据就是最好的例子。而且，尽管我们无法得到全部数据，但大部分数据可以通过公开的 API( 应用程序编程接口 ) 相对容易地进行采集。在 B2C( 商家对顾客 ) 企业中，使用文本挖掘和情感分析等技术，就可以分析消费者对自家产品的评价。

## 一、硬件性价比提高与软件技术进步

随着计算机性价比的提高、磁盘价格的下降、利用通用服务器对大量数据进行高速处理的软件技术 Hadoop 的诞生，以及云计算的兴起，甚至已经无须自行搭建这样的大规模环境——上述这些因素，大幅降低了大数据存储和处理的门槛。因此，过去只有像 NASA 这样的研究机构及几家特大企业才能做到的对大量数据的深入分析，现在只要极小的成本和时间就可以完成。无论是刚刚创业的公司还是存在多年的公司，也无论是中小企业还是大企业，都可以对大数据进行充分的利用。

### （一）计算机性价比的提高

承担数据处理任务的计算机，其处理能力遵循摩尔定律，一直在不断进化。所谓摩尔定律，是美国英特尔公司共同创始人之一的高登·摩尔于 1965 年提出的一个观点，即"半导体芯片的集成度，大约每 18 个月会翻一番"。从家电卖场中所陈列的计算机规格指标就可以一目了然地看出，现在以同样的价格能够买到的计算机，其处理能力已经和过去不可同日而语了。

### （二）硬盘价格的下降

除了 CPU 性能的提高，硬盘等存储器（数据的存储装置）的价格也明显下降。2000 年的硬盘驱动器平均每 GB 容量的单价为 16 ~ 19 美元，而现在却只有 7 美分（换算成人民币，就相当于 4 ~ 5 角钱的样子）；相当于下降到了 10 年前的 1/230 ~ 1/270。

变化的不仅是价格，存储器在重量方面也有了巨大的进步。1982 年，日立最早开发的超 1GB 级硬盘驱动器（容量为 1.2GB)，重量约为 250 磅（约合 113kg)。而现在，32GB 的微型 SD 卡重量却只有 0.5g 左右，技术进步的速度相当惊人。

### （三）大规模开源分布式处理技术 Hadoop 的诞生

Hadoop 是一种可以在通用服务器上运行的开源分布式处理技术，它的诞生成为目前大数据浪潮的第一推动力。如果只是结构化数据不断增长，用传统的关系型数据库和数据仓库，或者是其衍生技术，就可以进行存储和处理了，但这样的技术无法对非结构化数据进行处理。Hadoop 的最大特征，就是能够对大量非结构化数据进行高速处理。

## 二、云计算的普及

大数据的处理环境现在在很多情况下并不一定要自行搭建了。例如，使用亚马孙的计算服务 EC2(Elastic Compute Cloud) 和 S3(Simple Storage Service)，就可以在无须自行搭建大规模数据处理环境的前提下，以按用量付费的方式，来使用由计算机集群组成的计算处理环境和大规模数据存储环境了。此外，在 EC2 和 S3 上还利用预先配置的

Hadoop 工作环境提供了 EMR(Elastic Map Reduce) 服务。利用这样的云计算环境，即使是资金不太充裕的创业型公司，也可以进行大数据的分析了。

实际上，在美国，新的 IT 创业公司如雨后春笋般不断出现，它们通过利用亚马孙的云计算环境，对大数据进行处理，从而催生出新型的服务。这些公司如网络广告公司 Razor fish、提供预测航班起飞晚点等"航班预报"服务的 Flight Caster、对消费电子产品价格走势进行预测的 Decide、com 等。

## 三、大数据作为 BI 的进化形式

认识大数据，还需要理解 BI(Business Intelligence，商业智能）的潮流和大数据之间的关系。对企业内外所存储的数据进行组织性、系统性的集中、整理和分析，从而获得对各种商务决策有价值的知识和观点，这样的概念、技术及行为称为 BI。大数据作为 BI 的进化形式，充分利用后不仅能够高效地预测未来，也能够提高预测的准确率。

BI 这个概念，是 1989 年由时任美国高德纳（Gartner) 咨询公司的分析师 Howard Dresner 所提出的。Dresner 当时提出的观点是，应该将过去 100% 依赖信息系统部门来完成的销售分析、客户分析等业务，通过让作为数据使用者的管理人员以及一般商务人员等最终用户来亲自参与，从而实现决策的迅速化及生产效率的提高。

BI 的主要目的是分析从过去到现在发生了什么、为什么会发生，并做出报告。也就是说，是将过去和现在进行可视化的一种方式。例如，过去一年中商品 A 的销售额如何，它在各个门店中的销售额又分别如何。

然而，现在的商业环境变化十分剧烈。对于企业今后的活动来说，在将过去和现在进行可视化的基础上，预测接下来会发生什么显得更为重要。也就是说，从看到现在到预测未来，BI 也正在经历着不断的进化。

要对未来进行预测，从庞大的数据中发现有价值的规则和模式的数据挖掘（DataMining) 是一种非常有用的手段。为了让数据挖掘的执行更加高效，就要使用能够从大量数据中自动学习知识和有用规则的机器学习技术。从特性上来说，机器学习对数据的要求是越多越好。也就是说，它和大数据可谓天生一对。一直以来，机器学习的瓶颈在于如何存储并高效处理学习所需的大量数据。然而，随着硬盘单价的大幅下降、Hadoop 的诞生，以及云计算的普及，这些问题正逐步得以解决。现实中，对大数据应用机器学习的实例正在不断涌现。

## 四、从交易数据分析到交互数据分析

对从像"卖出了一件商品""一位客户解除了合同"这样的交易数据中得到的"点"

信息进行统计还不够，我们想要得到的是"为什么卖出了这件商品""为什么这个客户离开了"这样的上下文（背景）信息。而这样的信息，需要从与客户之间产生的交互数据这种"线"信息中来探索。以非结构化数据为中心的大数据分析需求的不断高涨，也正是这种趋势的一个反映。

例如，像亚马孙这样运营电商网站的企业，可以通过网站的点击量数据，追踪用户在网站内的行为，从而对用户从访问网站到最终购买商品的行为路线进行分析。这种点击量数据，正是表现客户与公司网站之间相互作用的一种交互数据。

举个例子，如果知道通过点击站内广告最终购买产品的客户比例较高，那么针对其他客户，就可以根据其过去的点击记录来展示他可能感兴趣的商品广告，从而提高其最终购买商品的概率。或者，如果知道很多用户都会从某一个特定的页面离开网站，就可以下功夫来改善这个页面的可用性。通过交互数据分析所得到的价值是非常大的。

对于消费品公司来说，可以通过客户的会员数据、购物记录、呼叫中心通话记录等数据来寻找客户解约的原因。最近，随着"社交化CRM"呼声的高涨，越来越多的企业都开始利用微信、Twitter等社交媒体来提供客户支持服务了。上述这些都是表现与客户之间交流的交互数据，只要推进对这些交互数据的分析，就可以越来越清晰地掌握客户离开的原因。

一般来说，网络上的数据比真实世界中的数据更容易收集，因此来自网络的交互数据也得到了越来越多的利用。不过，今后随着传感器等物态探测技术的发展和普及，在真实世界中对交互数据的利用也将不断推进。

例如，在超市中，可以将由植入购物车中的IC标签收集到的顾客行动路线数据和POS等销售数据相结合，从而分析出顾客买或不买某种商品的理由，这样的应用现在已经开始出现了。或者，也可以像前面讲过的那样，通过分析监控摄像机的视频资料，来分析店内顾客的行为。以前也并不是没有对店内的购买行为进行分析的方法，不过，那种分析大多是由调查员肉眼观察并记录的，这种记录是非数字化的，成本很高，而且收集到的数据也比较有限。

进一步讲，今后更为重要的是对连接网络世界和真实世界的交互数据进行分析。在市场营销的世界中，O2O（线上与线下的结合）已经成为一个热门的关键词。所谓O2O，就是指网络上的信息（在线）对真实世界（线下）的购买行为产生的影响。举例来说，很多人在准备购买一种商品时会先到评论网站去查询商品的价格和评价，然后再到实体店去购买该商品。

在O2O中，网络上的哪些信息会对实际来店顾客的消费行为产生关联，对这种线索的分析，即对交互数据的分析，显得尤为重要。

【延伸阅读】

**得数据者得天下**

我们的衣食住行都与大数据有关，每天的生活都离不开大数据，每个人都被大数据裹挟着。大数据提高了我们的生活品质，为每个人提供创新平台和机会。

大数据通过数据整合分析和深度挖掘，发现规律，创造价值，进而建立起物理世界到数字世界到网络世界的无缝链接。大数据时代，线上与线下，虚拟与现实、软件与硬件、跨界融合，将重塑我们的认知和实践模式，开启一场新的产业突进与经济转型。

国家行政学院常务副院长马建堂说，大数据其实就是海量的、非结构化的、电子形态存在的数据，通过数据分析，能产生价值，带来商机的数据。

而《大数据时代》的作者维克多·舍恩伯格这样定义大数据，"大数据是人们在大规模数据的基础上可以做到的事情，而这些事情在小规模数据的基础上无法完成"。

**大数据是"21世纪的石油和金矿"**

工业和信息化部部长苗圩在为《大数据领导干部读本》作序时形容大数据是"21世纪的石油和金矿"，是一个国家提升综合竞争力的又一关键资源。

而马建堂在致辞中也指出，大数据可以大幅提升人类认识和改造世界的能力，正以前所未有的速度颠覆着人类探索世界的方法，焕发出变革经济社会的巨大力量。"得数据者得天下"已成为全球共识。

"从资源的角度看，大数据是未来的石油。从国家治理的角度看，大数据可以提升治理效率、重构治理模式，将掀起一场国家治理革命；从经济增长角度看，大数据是全球经济低迷环境下的产业亮点；从国家安全角度看，大数据能成为大国之间博弈和较量的利器。"马建堂在《大数据领导干部读本》序言中这样界定大数据的战略意义。

总之，国家竞争焦点因大数据而改变，国家间竞争将从资本、土地、人口、资源转向对大数据的争夺，全球竞争版图将分成数据强国和数据弱国两大新阵营。

苗圩在《大数据领导干部读本》序言中说，数据强国主要表现为拥有数据的规模、活跃程度及解释、处置、运用的能力。数字主权将成为继边防、海防、空防之后另一大国博弈的空间。谁掌握了数据的主动权和主导权，谁就能赢得未来。新一轮的大国竞争，并不只是在硝烟弥漫的战场，更是通过大数据增强对整个世界局势的影响力和主导权。

**大数据可促进国家治理变革**

专家们普遍认为，大数据的渗透力远超人们想象，它正改变甚至颠覆我们所处的时代，将对经济社会发展、企业经营和政府治理等方方面面产生深远影响。

的确，大数据不仅是一场技术革命，还是一场管理革命。它提升人们的认知能力，是促进国家治理变革的基础性力量。在国家治理领域，打造阳光政府、责任政府、智慧政府建设都离不开大数据，大数据为解决以往的"顽疾"和"痛点"提供强大支撑；大数据还能将精准医疗、个性化教育、社会监管、舆情检测预警等以往无法实现的环节变得简单、可操作。

中国行政体制改革研究会副会长周文彰认同大数据是一场治理革命。他说："大数据将通过全息数据呈现，使政府从'主观主义''经验主义'的模糊治理方式，迈向'实事求是''数据驱动'的精准治理方式。在大数据条件下，'人在干、云在算'、天在看，数据驱动的'精准治理体系''智慧决策体系''阳光权力平台'都将逐渐成为现实。"

马建堂在为《大数据领导干部读本》作序时也说，对于决策者而言，大数据能将整个苍穹尽收眼底，可以解决"坐井观天""一叶障目""瞎子摸象"和"城门失火，殃及池鱼"等问题。另外，大数据是人类认识世界和改造世界能力的升华，它能提升人类"一叶知秋""运筹帷幄，决胜千里"的能力。

专家们认为，大数据时代开辟了政府治理现代化的新途径：大数据助力决策科学化，公共服务个性化、精准化；实现信息共享融合，推动治理结构变革，从一元主导到多元合作；大数据催生社会发展和商业模式变革，加速产业融合。

**中国具备数据强国潜力——2020 年数据规模将位居第一**

2015 年是中国建设制造强国和网络强国承前启后的关键之年。今后的中国，大数据将充当越来越重要的角色，中国也具备成为数据强国的优势条件。

马建堂说，近年来，党中央、国务院高度重视大数据的创新发展，准确把握大融合、大变革的发展趋势，制定发布了《中国制造 2025》和"互联网+"行动计划，出台了《关于促进大数据发展的行动纲要》，为我国大数据的发展指明了方向，可以看作是大数据发展"顶层设计"和"战略部署"，具有划时代的深远影响。

工信部正在构建大数据产业链，推动公共数据资源开放共享，将大数据打造成经济提质增效的新引擎，另外，中国是人口大国、制造业大国、互联网大国、物联网大国，这些都是最活跃的数据生产主体，未来几年成为数据大国也是逻辑上的必然结果。中国成为数据强国的潜力极为突出，2010 年中国数据占全球比例为 10%，2013 年占比为13%，2020 年占比达 18%。届时，中国的数据规模将超过美国，位居世界第一。专家指出，中国许多应用领域已与主要发达国家处于同一起跑线上，具备了厚积薄发、登高望远的条件，在新一轮国际竞争和大国博弈中具有超越的潜在优势。中国应顺应时代发展趋势，抓住大数据发展带来的契机，拥抱大数据，充分利用大数据提升国家治理能力和国际竞争力。

# 第二章  大数据技术基础

## 第一节  大数据采集与预处理

### 一、大数据采集

#### （一）大数据采集概述

大数据的数据采集是在确定用户目标的基础上，针对该范围内所有结构化、半结构化和非结构化的数据的采集。采集后对这些数据进行处理，从中分析和挖掘出有价值的信息。在大数据的采集过程中，其主要特点和面临的挑战是成千上万的用户同时进行访问和操作而引起的高并发数。如 12306 火车票售票网站在 2015 年春运火车票售卖的最高峰时，网站访问量（PV 值）在一天之内达到破纪录的 297 亿次。

大数据出现之前，计算机所能够处理的数据都需要在前期进行相应的结构化处理，并存储在相应的数据库中。但大数据技术对数据的结构要求大大降低，互联网上人们留下的社交信息、地理位置信息、行为习惯信息、偏好信息等各种维度的信息都可以实时处理，传统的数据采集与大数据的数据采集对比如表 2-1 所示。

表 2-1　传统的数据采集与大数据的数据采集对比

| 项目 | 传统的数据采集 | 大数据的数据采集 |
|---|---|---|
| 数据来源 | 来源单一，数据量相对大数据较小 | 来源广泛，数据量巨大 |
| 数据类型 | 结构单一 | 数据类型丰富，包括结构化、半结构化、非结构化 |
| 数据处理 | 关系型数据库和并行数据仓库 | 分布式数据库 |

#### （二）大数据采集的数据来源

按照数据来源划分，大数据的三大主要来源为商业数据、互联网数据与物联网数据。其中，商业数据来自企业 ERP 系统、各种 POS 终端及网上支付系统等业务系统；互联网数据来自通信记录及 QQ、微信、微博等社交媒体；物联网数据来自射频识别装置、全球定位设备、传感器设备、视频监控设备等。

1. 商业数据

商业数据是指来自企业 ERP 系统、各种 POS 终端及网上支付系统等业务系统的数据，商业数据是现在最主要的数据来源渠道。

世界上最大的零售商沃尔玛每小时收集到 2.5PB 数据，存储的数据量是美国国会图书馆的 167 倍。沃尔玛详细记录了消费者的购买清单、消费额、购买日期、购买当天天气和气温，通过对消费者的购物行为等非结构化数据进行分析，发现商品关联，并优化商品陈列。沃尔玛不仅采集这些传统商业数据，还将数据采集的触角延伸到了社交网络数据。当用户在 Facebook 和 Twitter 上谈论某些产品或者表达某些喜好时，这些数据都会被沃尔玛记录下来并加以利用。

Amazon（亚马逊）公司拥有全球零售业最先进的数字化仓库，通过对数据的采集、整理和分析，可以优化产品结构，开展精确营销和快速发货。另外，Amazon 的 Kindle 电子书城中积累了上千万本图书的数据，并完整记录着读者对图书的标记和笔记，若加以分析，Amazon 能从中得到哪类读者对哪些内容感兴趣，从而能给读者做出准确的图书推荐。

2. 互联网数据

互联网数据是指网络空间交互过程中产生的大量数据，包括通信记录及 QQ、微信、微博等社交媒体产生的数据，其数据复杂且难以被利用。例如，社交网络数据所记录的大部分是用户的当前状态信息，同时还记录着用户的年龄、性别、所在地、教育、职业和兴趣等。

互联网数据具有大量化、多样化、快速化等特点。

（1）大量化：在信息化时代背景下网络空间数据增长迅猛，数据集合规模已实现从 GB 到 PB 的飞跃，互联网数据则需要通过 ZB 表示。在未来互联网数据的发展中还将实现近 50 倍的增长，服务器数量也将随之增长，以满足大数据存储。

（2）多样化：互联网数据的类型多样化，结构化数据、半结构化数据和非结构化数据。互联网数据中的非结构化数据正在飞速增长。非结构化数据的产生与社交网络及传感器技术的发展有着直接联系。

（3）快速化：互联网数据一般情况下以数据流形式快速产生，且具有动态变化的特征，其时效性要求用户必须准确掌握互联网数据流才能更好地利用这些数据。

互联网是大数据信息的主要来源，能够采集什么样的信息、采集到多少信息及哪些类型的信息，直接影响着大数据应用功能最终效果的发挥。而信息数据采集需要考虑采集量、采集速度、采集范围和采集类型，信息数据采集速度可以达到秒级以上；采集范围涉及微博、论坛、博客、新闻网、电商网站、分类网站等各种网页；而采集类型包括文本、数据、URL、图片、视频、音频等。

### 3.物联网数据

物联网是指在计算机互联网的基础上，利用射频识别、传感器、红外感应器、无线数据通信等技术，构造一个覆盖世界上万事万物的 The Internet of Things，也就是"实现物物相连的互联网络"。其内涵包含两个方面：一是物联网的核心和基础仍是互联网，是在互联网基础上延伸和扩展的一种网络；二是其用户端延伸和扩展到了任何物品与物品之间进行信息交换和通信。物联网的定义：通过射频识别（Radio Frequency Identi 量 cation，R 量 D）装置、传感器、红外感应器、全球定位系统、激光扫描器等信息传感设备，按约定的协议，把任何物品与互联网相连接，以进行信息交换和通信，从而实现智慧化识别、定位、跟踪、监控和管理的一种网络体系。

物联网数据是除了人和服务器之外，在射频识别、物品、设备、传感器等结点产生的大量数据，包括射频识别装置、音频采集器、视频采集器、传感器、全球定位设备、办公设备、家用设备和生产设备等产生的数据。物联网数据的特点主要包括以下几点：

（1）物联网中的数据量更大。物联网的最主要特征之一是结点的海量性，其数量规模远大于互联网；物联网结点的数据生成频率远高于互联网，如传感器结点多数处于全时工作状态，数据流是持续的。

（2）物联网中的数据传输速率更高。由于物联网与真实物理世界直接关联，很多情况下需要实时访问、控制相应的结点和设备，因此需要高数据传输速率来支持。

（3）物联网中的数据更加多样化。物联网涉及的应用范围广泛，包括智慧城市、智慧交通、智慧物流、商品溯源、智能家居、智慧医疗、安防监控等；在不同领域、不同行业，需要面对不同类型、不同格式的应用数据，因此物联网中数据多样性更为突出。

（4）物联网对数据真实性的要求更高。物联网是真实物理世界与虚拟信息世界的结合，其对数据的处理及基于此进行的决策将直接影响物理世界，物联网中数据的真实性显得尤为重要。

以智能安防应用为例，智能安防行业已从大面积监控布点转变为注重视频智能预警、分析和实战，利用大数据技术从海量的视频数据中进行规律预测、情境分析、串并侦察、时空分析等。在智能安防领域，数据的产生、存储和处理是智能安防解决方案的基础，只有采集足够有价值的安防信息，通过大数据分析及综合研判模型，才能制定智能安防决策。

所以，在信息社会中，几乎所有行业的发展都离不开大数据的支持。

## （三）大数据采集的技术方法

数据采集技术是信息科学的重要组成部分，已广泛应用于国民经济和国防建设的各个领域，并且随着科学技术的发展，尤其是计算机技术的发展与普及，数据采集技术具有更广阔的发展前景。大数据的采集技术是大数据处理的关键技术之一。

### 1.系统日志采集方法

很多互联网企业都有自己的海量数据采集工具，多用于系统日志采集，如 Hadoop 的 Chukwa、Cloudera 的 Flume、Facebook 的 Scribe 等。这些系统采用分布式架构，能满足每秒数百 MB 的日志数据采集和传输需求。例如，Scribe 是 Facebook 开源的日志收集系统，能够从各种日志源上收集日志，存储到一个中央存储系统（可以是 NFS、分布式文件系统等）上，以便进行集中统计分析处理。它为日志的"分布式收集，统一处理"提供了一个可扩展的、高容错的方案。

2. 对非结构化数据的采集

非结构化数据的采集就是针对所有非结构化的数据的采集，包括企业内部数据的采集和网络数据采集等。企业内部数据的采集是对企业内部各种文档、视频、音频、邮件、图片等数据格式之间互不兼容的数据采集。

网络数据采集是指通过网络爬虫或网站公开 API 等方式从网站上获取互联网中相关网页内容的过程，并从中抽取出用户所需要的属性内容。互联网网页数据处理就是对抽取出来的网页数据进行内容和格式上的处理、转换和加工，使之能够适应用户的需求，并将之存储下来，供以后使用。该方法可以将非结构化数据从网页中抽取出来，将其存储为统一的本地数据文件，并以结构化的方式存储。它支持图片、音频、视频等文件或附件的采集，附件与正文可以自动关联。除了网络中包含的内容之外，对于网络流量的采集可以使用 DPI 或 D 量等带宽管理技术进行处理。

网络爬虫是一种按照一定的规则，自动抓取万维网信息的程序或者脚本，是一个自动提取网页的程序，它为搜索引擎从万维网上下载网页，是搜索引擎的重要组成。

网络数据采集和处理的整体过程，包含四个主要模块：网络爬虫（Spider）、数据处理（Data Process）、URL 队列（URL Queue）和数据（Data）。

这四个主要模块的功能如下：

（1）网络爬虫：从 Internet 上抓取网页内容，并抽取出需要的属性内容。

（2）数据处理：对爬虫抓取的内容进行处理。

（3）URL 队列（URL Queue）：为爬虫提供需要抓取数据网站的 URL。

（4）数据：包含 Site URL、Spider Data 和 Dp Data。其中，Site URL 是需要抓取数据网站的 URL 信息；Spider Data 是爬虫从网页中抽取出来的数据；Dp Data 是经过数据处理之后的数据。

整个网络数据采集和处理的基本步骤如下：

（1）将需要抓取数据的网站的 URL 信息（Site URL）写入 URL 队列。

（2）爬虫从 URL 队列中获取需要抓取数据的网站的 Site URL 信息。

（3）爬虫从 Internet 抓取与 Site URL 对应的网页内容，并抽取出网页特定属性的内容值。

（4）爬虫将从网页中抽取出的数据（Spider Data）写入数据库。

（5）Dp 读取 Spider Data 并进行处理。

（6）Dp 将处理后的数据写入数据库。

目前网络数据采集的关键技术为链接过滤，其实质是判断一个链接（当前链接）是不是在一个链接集合（已经抓取过的链接）里。在对网页大数据的采集中，可以采用布隆过滤器（Bloom 量 lter）来实现对链接的过滤。

3. 其他数据采集方法

对于企业生产经营数据或学科研究数据等保密性要求较高的数据，可以通过与企业或研究机构合作，使用特定系统接口等相关方式采集数据。

尽管大数据技术层面的应用可以无限广阔，但由于受到数据采集的限制，能够用于商业应用、服务于人们的数据要远远小于理论上大数据能够采集和处理的数据。因此，解决大数据的隐私问题是数据采集技术的重要目标之一。现阶段的医疗机构数据更多来源于内部，外部的数据没有得到很好的应用。对于外部数据，医疗机构可以考虑借助（如百度、阿里、腾讯等）第三方数据平台解决数据采集难题。例如，百度推出的疾病预测大数据产品可以对全国不同的区域进行全面监控，智能化地列出某一地级市和区域的流感、肝炎、肺结核、性病等常见疾病的活跃度、趋势图等，进而有针对性地进行预防，从而降低传染病的概率。在医疗领域，通过大数据的应用可以更加快速清楚地预测到疾病发展的趋势，这样在大规模暴发疾病时能够提前做好预防措施和医疗资源的储蓄和分配，优化医疗资源。

## 二、大数据的预处理

要对海量数据进行有效的分析，应该将这些来自前端的数据导入到一个集中的大型分布式数据库或者分布式存储集群，并且可以在导入基础上做一些简单的清洗和预处理工作。导入与预处理过程的特点和挑战主要是导入的数据量大，通常用户每秒钟的导入量会达到百兆，甚至千兆级别。

大数据的多样性，决定了通过多种渠道获取的数据种类和数据结构都非常复杂，这就给之后的数据分析和处理带来极大的困难。通过大数据的预处理这一步骤，将这些结构复杂的数据转换为单一的或便于处理的结构，为以后的数据分析打下良好的基础。由于所采集的数据里并不是所有的信息都是必需的，而是掺杂了很多噪声和干扰项，因此还需要对这些数据进行"去噪"和"清洗"，以保证数据的质量和可靠性。常用的方法是在数据处理的过程中设计一些数据过滤器，通过聚类或关联分折的规则方法将无用或错误的离群数据挑出来过滤掉，防止其对最终数据结果产生不利影响，然后将这些整理好的数据进行集成和存储。现在一般的解决方法是将针对特定种类的数据信息分门别类放置，可以有效地减少数据查询和访问的时间，提高数据提取速度。

大数据预处理的方法主要包括数据清洗、数据集成、数据变换和数据归约。

1. 数据清洗

数据清洗是在汇聚多个维度、多个来源、多种结构的数据之后，对数据进行抽取、转换和集成加载。在这个过程中，除了更正、修复系统中的一些错误数据之外，更多的是对数据进行归并整理，并存储到新的存储介质中。

常见的数据质量问题可以根据数据源的多少和所属层次分为以下 4 类：

（1）单数据源定义层：违背字段约束条件（日期出现 1 月 0 日）、字段属性依赖冲突（两条记录描述同一个人的某一个属性，但数值不一致）、违反唯一性（同一个主键 ID 出现了多次）。

（2）单数据源实例层：单个属性值含有过多信息、拼写错误、空白值、噪声数据、数据重复、过时数据等。

（3）多数据源的定义层：同一个实体的不同称呼（笔名和真名）、同一种属性的不同定义（字段长度定义不一致、字段类型不一致等）。

（4）多数据源的实例层：数据的维度、粒度不一致（有的按 GB 记录存储量；有的按 TB 记录存储量；有的按照年度统计；有的按照月份统计）、数据重复、拼写错误。

此外，还有在数据处理过程中产生的"二次数据"，包括数据噪声、数据重复或错误的情况。数据的调整和清洗涉及格式、测量单位和数据标准化与归一化。数据不确定性有两方面含义，即数据自身的不确定性和数据属性值的不确定性。前者可用概率描述，后者有多重描述方式，如描述属性值的概率密度函数、以方差为代表的统计值等。

对于数据质量中普遍存在的空缺值、噪声值和不一致数据的情况，可以采用传统的统计学方法、基于聚类的方法、基于距离的方法、基于分类的方法和基于关联规则的方法等来实现数据清洗。

在大数据清洗中，根据缺陷数据类型可分为异常记录检测、空值的处理、错误值的处理、不一致数据的处理和重复数据的检测。其中异常记录检测和重复数据的检测是数据清洗的两个核心问题。

（1）异常记录检测：异常记录检测包括解决空值、错误值和不一致数据的方法。

（2）空值的处理：一般采用估算方法，如采用均值、众数、最大值、最小值、中位数填充。但估值方法会引入误差，如果空值较多，会使结果偏离较大。

（3）错误值的处理：通常采用统计方法来处理，如偏差分析、回归方程、正态分布等。

（4）不一致数据的处理：不一致数据的处理主要体现为数据不满足完整性约束，可以通过分析数据字典、元数据等，整理数据之间的关系进行修正。不一致数据通常是由于缺乏数据标准而产生的。

（5）重复数据的检测：其算法可以分为基本的字段匹配算法、递归的字段匹配算法、Smith-Waterman 算法、基于编辑距离的字段匹配算法和改进余弦相似度函数。

大数据的清洗工具主要有 Data Wrangler 和 Google Refine 等。Data Wrangle 是一款由斯坦福大学开发的在线数据清洗、数据重组软件，主要用于去除无效数据，将数据整理成用户需要的格式等。Google Refine 设有内置算法，可以发现一些拼写不一样但实际上应分为一组的文本。除了数据管家功能，Google Refine 还提供了一些有用的分析工具，如排序和筛选。

2. 数据集成

在大数据领域，数据集成技术也是实现大数据方案的关键组件。大数据集成是将大量不同类型的数据原封不动地保存在原地，而将处理过程适当地分配给这些数据。这是一个并行处理的过程，当在这些分布式数据上执行请求后，需要整合并返回结果。大数据集成是由数据集成技术演化而来的，但其方案和传统的数据集成有着巨大的差别。

大数据集成，狭义上讲是指如何合并规整数据；广义上讲，数据的存储、移动、处理等与数据管理有关的活动都称为数据集成。大数据集成一般需要将处理过程分布到源数据上进行并行处理，并仅对结果进行集成。因为，如果预先对数据进行合并会消耗大量的处理时间和存储空间。集成结构化、半结构化和非结构化的数据时需要在数据之间建立共同的信息联系，这些信息可以表示为数据库中的主数据、键值，非结构化数据中的元数据标签或者其他内嵌内容。

数据集成时应解决的问题包括数据转换、数据的迁移、组织内部的数据移动、从非结构化数据中抽取信息及将数据处理移动到数据端。

（1）数据转换，是数据集成中最复杂和最困难的问题，所要解决的是如何将数据转换为统一的格式。需要注意的是要理解整合前的数据和整合后的数据结构。

（2）数据的迁移，即将一个应用的数据迁移到另一个新的应用中。在组织内部，当一个应用被新的应用所替换时，就需要将旧应用中的数据迁移到新的应用中。

（3）组织内部的数据移动，即多个应用系统需要在多个来自其他应用系统的数据发生更新时被实时通知。

（4）从非结构化数据中提取信息。当前数据集成的主要任务是将结构化的、半结构化或非结构化的数据进行集成。存储在数据库外部的数据，如文档、电子邮件、网站、社会化媒体、音频及视频文件，可以通过客户、产品、雇员或者其他主数据引用进行搜索。主数据引用作为元数据标签附加到非结构化数据上，在此基础上就可以实现与其他数据源和其他类型数据的集成。

（5）将数据处理移动到数据端。将数据处理过程分布到数据所处的多个不同的位置，这样可以避免冗余。

目前，数据集成已被推至信息化战略规划的首要位置。要实现数据集成的应用，不光要考虑集成的数据范围，还要从长远发展角度考虑数据集成的架构、能力和技术等方面内容。

3. 数据变换

数据变换是将数据转换成适合挖掘的形式。数据变换是采用线性或非线性的数学变换方法将多维数据压缩成较少维数的数据，消除它们在时间、空间、属性及精度等特征表现方面的差异，如表 2-2 所示。

表 2-2　数据变换方法分类

| 数据变换方法分类 | 作用 |
| --- | --- |
| 数据平滑 | 去噪，将连续数据离散化 |
| 数据采集 | 对数据进行汇总 |
| 数据概化 | 用高层概念替换，减少复杂度 |
| 数据规范化 | 使数据按比例缩放，落入特定区域 |
| 属性构造 | 提高数据的准确性，加深对高维数据结构的理解 |

数据变换涉及的内容如下。

（1）数据平滑：清除噪声数据。去除源数据集中的噪声数据和无关数据，处理遗漏数据和清洗脏数据。

（2）数据聚集：对数据进行汇总和聚集。例如，可以聚集日门诊量数据，计算月和年门诊数。

（3）数据概化：使用概念分层，用高层次概念替换低层次"原始"数据。

（4）数据规范化：将属性数据按比例缩放，使之落入一个小的特定区间，如[0.0 ~ 1.0]。规范化对某些分类算法特别有用。

（5）属性构造：基于其他属性创建一些新属性。

4. 数据归约

数据归约是从数据库或数据仓库中选取并建立使用者感兴趣的数据集合，然后从数据集合中过滤掉一些无关、偏差或重复的数据。数据归约的主要方法如表 2-3 所示。

表 2-3　数据归约方法分类

| 数据归约方法分类 | 技术 |
| --- | --- |
| 维归约 | 数据选择方法等 |
| 数据压缩 | 小波变换、主成分分析、分形技术 |
| 数值归约 | 回归、直方图、聚类等 |
| 离散化和概念分层 | 分箱技术、基于熵的离散化等 |

（1）维归约：通过删除不相关的属性（或维）减少数据量。维归约不仅会压缩数据集，还会减少出现在发现模式上的属性数目。

（2）数据压缩：应用数据编码或变换，得到源数据的归约或压缩表示。数据压缩分为无损压缩和有损压缩。

（3）数值归约：数值归约通过选择替代的、较小的数据表示形式来减少数据量。

（4）离散化和概念分层：概念分层通过收集并用较高层的概念替换较低层的概念来定义数值属性的一个离散化。

## 三、大数据采集及预处理的工具

本节主要介绍大数据采集及预处理时的一些常用工具，随着国内大数据战略越来越清晰，数据抓取和信息采集产品迎来了巨大的发展机遇，采集产品数量也出现迅猛增长。然而与产品种类快速增长相反的是，信息采集技术相对薄弱、市场竞争激烈、质量良莠不齐。在此，本节列出了当前信息采集和数据抓取的一些主流产品。

1.Flume

Flume 是 Cloudera 提供的一个高可用的、高可靠的、分布式的海量日志采集、聚合和传输系统。Flume 支持在日志系统中定制各类数据发送方，用于收集数据；同时，Flume 能够对数据进行简单处理，具有写到各种数据接收方（可定制）的能力。

Flume 提供了从 Console( 控制台 )、RPC( Thrift-RPC )、Text( 文件 )、Tail( UNIX Tail )、Syslog( Syslog 日志系统，支持 TCP 和 UDP 两种模式 )、Exec( 命令执行 ) 等数据源上收集数据的能力。

官网地址为 http：//flume.apache.org/。

2.Logstash

Logstash 是一个应用程序日志、事件的传输、处理、管理和搜索的平台，可以用它来统一对应用程序日志进行收集管理，提供 Web 接口用于查询和统计。它可以对日志进行收集、分析，并将其存储供以后使用（如搜索），Logstash 带有一个 Web 界面，可以用来搜索和展示所有日志。

官网地址为 http：//www.logstash.net/。

3.Kibana

Kibana 是一个为 Logstash 和 ElasticSearch 提供的日志分析的 Web 接口，可使用它对日志进行高效的搜索、可视化、分析等各种操作。Kibana 也是一个开源和免费的工具，它可以汇总、分析和搜索重要数据日志并提供友好的 Web 界面，可以为 Logstash 和 ElasticSearch 提供日志分析的 Web 界面。

4.Ceilometer

Ceilometer 主要负责监控数据的采集，是 OpenStack 中的一个子项目，它像一个漏斗一样，能把 OpenStack 内部发生的几乎所有的事件都收集起来，然后为计费和监控及其他服务提供数据支撑。

官方网站地址为 http：//docs.openstack.org/。

5.Zipkin

Zipkin（分布式跟踪系统）是 Twitter 的一个开源项目，允许开发者收集 Twitter 各个服务上的监控数据，并提供查询接口。该系统让开发者可通过一个 Web 前端轻松地收集和分析数据，如用户每次请求服务的处理时间等，可方便地监测系统中存在的瓶颈。

官方网站地址为 http：//twitter.github.io/zipkin/。

6.Arachnid

Arachnid 是一个基于 Java 的网络爬虫框架，它包含一个简单的 HTML 剖析器，能够分析包含 HTML 内容的输入流。通过实现 Arachnid 的子类就能够开发一个简单的网络爬虫。

特点：微型爬虫框架，含有一个小型 HTML 解析器。

项目主页：http：//arachnid.sourceforge.net/。

7.Crawlzilla

Crawlzilla 是一个建立搜索引擎的自由软件，以 Nutch 专案为核心，并整合更多相关套件。Crawlzilla 除了爬取基本的 HTML 外，还能分析网页上的文件，如 doc、pdf、ppt、ooo、rss 等多种文件格式，使得搜索引擎不只是网页搜索引擎，而且是网站的完整资料索引库。它拥有中文分词能力，搜索更精准。Crawlzilla 最主要的特色与目标就是给使用者提供一个方便好用易安装的搜索平台。

特点：安装简易，拥有中文分词功能。

项目主页：https//github.com/shunfa/crawlzilla。

下载地址：http//sourceforge.net/projects/crawlzilla/。

8. 集搜客 GooSeeker

GooSeeker 是国内一款大数据抓取软件，GooSeeker 致力于提供一套便捷易用的软件，将网页内容进行语义标注和结构化转换。一旦有了语义结构，整个 Web 就变成了一个大数据库；一旦内容被赋予了意义（语义），就能从中挖掘出有价值的知识。集搜客创造了以下商业应用场景：

（1）集搜客网络爬虫不是一个简单的网页抓取器，它能够集众人之力把语义标签摘取下来；

（2）每个语义标签代表大数据知识对象的一个维度，可以进行多维度整合，剖析此知识对象；

（3）知识对象可以是多个层面的，如市场竞争、消费者洞察、品牌地图、企业画像。

官方网站地址为 http：//www.gooseeker.com/index.html。

### 9. 乐思网络信息采集系统

乐思网络信息采集系统的主要目标就是解决网络信息采集和网络数据抓取问题，是根据用户自定义的任务配置，批量而精确地抽取互联网目标网页中的半结构化与非结构化数据，转化为结构化的记录，保存在本地数据库中，用于内部使用或外网发布，快速实现外部信息的获取。

该系统主要用于大数据基础建设、舆情监测、品牌监测、价格监测、门户网站新闻采集、行业资讯采集、竞争情报获取、商业数据整合、市场研究、数据库营销等领域。

官方网站地址为 http：//www.knowlesys.cn/index.html。

### 10. 火车采集器

火车采集器是一款专业的网络数据采集 / 信息处理软件，通过灵活的配置，可以很轻松迅速地从网页上抓取结构化的文本、图片、文件等资源信息，可编辑筛选处理后选择发布到网站后台、各类文件或其他数据库系统中。它被广泛应用于数据采集挖掘、垂直搜索、信息汇聚和门户、企业网信息汇聚、商业情报、论坛或博客迁移、智能信息代理、个人信息检索等领域，适用于各类对数据有采集挖掘需求的群体。

官方网站地址为 http：//www.locoy.com/。

### 11. 狂人采集器

狂人采集器是一套专业的网站内容采集软件，支持各类论坛的帖子和回复采集，网站和博客文章内容抓取，通过相关配置，能轻松地采集 80% 的网站内容为己所用。根据各网站程序的区别，狂人采集器分论坛采集器、CMS 采集器和博客采集器三类，总计支持近 40 种主流建站程序的上百个版本的数据采集和发布任务，支持图片本地化、支持网站登录采集、分页抓取、全面模拟人工登录发布、软件运行快速安全稳定。狂人采集器还支持论坛会员无限注册，自动增加帖子查看人数、自动顶帖等。

官方网站地址为 http：//www.kuangren.cc/。

### 12. 网络矿工

网络矿工数据采集软件是一款集互联网数据采集、清洗、存储、发布为一体的工具软件。它具有高效的采集性能，能够从网络获取最小的数据，从中提取需要的内容，优化核心匹配算法，存储最终的数据。网络矿工可按照用户数量授权，不绑定计算机，可随时切换计算机。

官方网站地址为 hup：//www.minerspider.com/。

以上各采集工具均可进入官方网站下载免费版或试用版，或者根据用户需求购买专业版，以及跟在线客服人员提出采集需求，采用付费方式由专业人员提供技术支持。下面以网络矿工为例，操作步骤如下：

（1）进入网络矿工官方网站，下载免费版，本例下载的是 Sominerv5.33（通常免费版有试用期限，一般为 30 天）。网络矿工的运行需要 .NET Framework 2.0 环境，建议使用 Firefox 浏览器。

（2）下载的压缩文件内包含多个可执行程序，其中 SoukeyNetget.exe 为网络矿工采集软件，运行此文件即可打开网络矿工。

（3）单击"新建采集任务分类"，在弹出的"新建任务类别"中输入类别名称，并保存存储路径。

（4）在"采集任务管理"中右击"新建采集任务"，在弹出的"新建采集任务"中输入任务名称。

（5）在"新建采集任务"中单击"增加采集网址"，在弹出的操作页面中输入采集网址，如 http：//news，baidu.com/。选中"导航采集"，并单击"增加"按钮。

（6）在"导航页规则配置"页面中，可选"前后标记配置""可视化配置"等选项。

（7）若在上面选择"可视化配置"，则会弹出"导航页规则配置"。

导航通常是通过一个地址导航多个地址，而 XPath 获取的是一个信息，所以可以通过 XPath 插入参数至 XPath 列表，进行多个地址的采集。单击"可视化提取"按钮，则会弹出"可视化采集配置器"对话框，然后单击工具栏中的"开始捕获"按钮，鼠标在页面滑动时会出现一个蓝色的边框，用蓝色的边框选中第一条新闻单击，然后再选中最后一条新闻单击，系统会自动捕获导航规则。

确定退出后配置完成。选中刚才配置的网址，单击"测试网址解析"，可以看到系统已经将需要采集的新闻地址解析出来，表示配置成功。

（8）配置采集数据的规则：要采集新闻的正文、标题、发布时间，可以用三种方式来完成，即智能采集、可视化采集和规则配置。以智能采集为例，回到"新建采集任务"对话框中，单击"采集数据"，然后单击"配置助手"。

在弹出的"采集规则自动化配置"中，在地址栏输入采集地址，同时单击"生成文章采集规则"，可以看到系统已经将文章的智能规则输入系统中，单击"测试"按钮可以检查采集结果是否正确。确定退出就完成了配置。

（9）单击"应用"按钮保存测试采集。在返回的"新建采集任务"对话框中，单击"采集任务测试"，在弹出的操作页面中单击"启动测试"按钮。

（10）任务设置完成后，返回最初操作的界面。选中任务右击，选择"启动任务"选项，可以看到下面屏幕滚动，停止则采集完成。

（11）采集任务完成后，任务将以 smt 文件形式保存在安装路径的 tasks 文件夹内。右击采集任务的名称，在弹出的快捷菜单内选择数据导出的格式，包括文本、Excel 和 Word 等。

# 第二节　大数据分析处理系统

当今越来越多的应用领域涉及大数据，这些数据在数量、速度、多样性等方面都呈现了不断增长的复杂性，只有通过对相应领域大数据的分析，才能挖掘出适合该领域业务的有价值的信息，从而更好地促进相应业务的发展。所以对不同领域大数据的分析尤为重要，是各个领域今后发展的关键所在。

## 一、大数据分析简介

在方兴未艾的大数据时代，人们要掌握大数据分析的基本方法和分析流程，从而探索出大数据中蕴含的规律与关系，解决实际业务问题。

### （一）什么是大数据分析

大数据分析是指对规模巨大的数据进行分析，其目的是通过多个学科技术的融合，实现数据的采集、管理和分析，从而发现新的知识和规律。大数据时代的数据分析，首先要解决的是海量、结构多变、动态实时的数据存储与计算问题，这些问题在大数据解决方案中至关重要，决定了大数据分析的最终结果。

看个案例来初步认识大数据分析：美国福特公司利用大数据分析促进汽车销售。

（1）提出问题：用大数据分析技术来提升汽车销售业绩。一般汽车销售商的普通做法是投放广告，动辄就是几百万，而且很难分清广告促销的作用到底有多大。大数据技术不一样，它可以通过对某个地区可能会影响购买汽车意愿的源数据进行收集和分析，如房屋市场、新建住宅、库存和销售数据、这个地区的就业率等；还可利用与汽车相关的网站上的数据进行分析，如客户搜索了哪些汽车、哪一种款式的汽车、汽车的价格、车型配置、汽车功能、汽车颜色等。

（2）数据采集：分析团队搜索采集所需的外部数据，如第三方合同网站、区域经济数据、就业数据等。

（3）数据分析：对采集的数据进行分析挖掘，为销售提供精准可靠的分析结果，即提供多种可能的促销分析方案。

（4）结果应用：根据数据分析结果实施有针对性的促销计划，如在需求量旺盛的地方有专门的促销计划，哪个地区的消费者对某款汽车感兴趣，相应广告就送到其电子邮箱和地区的报纸上，非常精准，只需要较少的费用。

（5）效果评估：与传统的广告促销相比，通过大数据的创新营销，福特公司花了很少的钱，做了大数据分析产品，也可叫大数据促销模型，大幅度地提高了汽车的销售业绩。

## （二）大数据分析的基本方法

大数据分析可以分为如下 5 种基本方法。

1. 预测性分析

大数据分析最普遍的应用就是预测性分析，从大数据中挖掘出有价值的知识和规则，通过科学建模的手段呈现出结果，然后可以将新的数据带入模型，从而预测未来的情况。

例如，麻省理工学院的研究者约翰·古塔格（John Guttag）和柯林·斯塔尔兹（Collin Stultz）创建了一个计算机预测模型来分析心脏病患者丢弃的心电图数据。他们利用数据挖掘和机器学习在海量的数据中筛选，发现心电图中出现三类异常者一年内死于第二次心脏病发作的概率比未出现者高 1 ~ 2 倍。这种新方法能够预测出更多的、无法通过现有的风险筛查被探查出的高危病人。

2. 可视化分析

不管是数据分析专家还是普通用户，对大数据分析最基本的要求就是可视化分析，因为可视化分析能够直观地呈现大数据的特点，同时能够非常容易被用户接受，就如同看图说话一样简单明了。可视化可以直观地展示数据，让数据自己说话，让观众听到结果。数据可视化是数据分析工具最基本的要求。

3. 大数据挖掘算法

可视化分析结果是给用户看的，而数据挖掘算法是给计算机看的，通过让机器学习算法，按人的指令工作，从而呈现给用户隐藏在数据之中的有价值的结果。大数据分析的理论核心就是数据挖掘算法，算法不仅要考虑数据的量，也要考虑处理的速度。目前在许多领域的研究都是在分布式计算框架上对现有的数据挖掘理论加以改进，进行并行化、分布式处理。

常用的数据挖掘方法有分类、预测、关联规则、聚类、决策树、描述和可视化、复杂数据类型挖掘（Text、Web、图形图像、视频、音频）等。有很多学者对大数据挖掘算法进行了研究和文献发表。

例如，有文献提出了对适合慢性病分类的 C4.5 决策树算法进行改进，对基于 MapReduce 编程框架进行算法的并行化改造。

有文献对数据挖掘技术中的关联规则算法进行研究，并通过引入兴趣度对经典 Apriori 算法进行改进，提出了一种基于 MapReduce 的改进的 Apriori 医疗数据挖掘算法。

有文献在高可靠安全的 HadooP 平台上，结合传统分类聚类算法的特点给出了一种基于云计算的数据挖掘系统的设计方案。

4. 语义引擎

数据的含义就是语义。语义技术是从词语所表达的语义层次上来认识和处理用户的检索请求的。

语义引擎通过对网络中的资源对象进行语义上的标注，以及对用户的查询表达进行语义处理，使得自然语言具备语义上的逻辑关系，能够在网络环境下进行广泛有效的语义推理，从而更加准确、全面地实现用户的检索。大数据分析广泛应用于网络数据挖掘，可从用户的搜索关键词来分析和判断用户的需求，从而实现更好的用户体验。

例如，一个语义搜索引擎试图通过上下文来解读搜索结果，它可以自动识别文本的概念结构。如你搜索"选举"，语义搜索引擎可能会获取包含"投票""竞选"和"选票"的文本信息，但是"选举"这个词可能根本没有出现在这些信息来源中。也就是说语义搜索可以对关键词的相关词和类似词进行解读，从而增强搜索信息的准确性和相关性。

5. 数据质量和数据管理

数据质量和数据管理是指为了满足信息利用的需要，对信息系统的各个信息采集点进行规范，包括建立模式化的操作规程，原始信息的校验，错误信息的反馈、矫正等一系列的过程。大数据分析离不开数据质量和数据管理，高质量的数据和有效的数据管理，无论是在学术研究还是在商业应用领域，都能够保证分析结果的真实和有价值。

例如，假设一个银行的客户文件中有 500000 个客户。银行计划向所有客户以邮寄方式直接发送新产品的广告。如果客户文件中的错误率是 10%，包括重复的客户记录、过时的地址等，假如邮寄的直接成本是 5.00 美元（包括邮资和材料费），则由于糟糕数据而产生的预期损失是：500000 客户 ×0.10×5，即 250000 美元。可见在充满"垃圾"的大数据环境中也只能提取出毫无意义的"垃圾"信息，甚至导致数据分析失败，因此数据质量在大数据环境下显得尤其重要。

综上所述，大数据分析的基础就是以上 5 个方面，如果进行更加深入的大数据分析，还需要更加专业的大数据分析手段、方法和工具的运用。

### （三）大数据处理流程

整个处理流程可以分解为提出问题、数据理解、数据采集、数据预处理、数据分析、分析结果的解析等。

1. 提出问题

大数据分析就是解决具体业务问题的处理过程，这需要在具体业务中提炼出准确的实现目标，也就是首先要制定具体需要解决的问题。

2. 数据理解

大数据分析是为了解决业务问题，理解问题要基于业务知识，数据理解就是利用业务知识来认识数据。如大数据分析"饮食与疾病的关系""糖尿病与高血压的发病关系"，这些分析都需要对相关医学知识有足够的了解才能理解数据并进行分析。只有对业务知识有深入的理解才能在大数据中找准分析指标和进一步会衍生出的指标，从而抓住问题的本质挖掘出有价值的结果。

### 3. 数据采集

传统的数据采集来源单一，且存储、管理和分析的数据量也相对较小，大多采用关系型数据库和并行数据仓库即可处理。大数据的采集可以采用系统日志采集、非结构化数据采集、企业特定系统接口等相关方式。例如，利用多个数据库来接收来自客户端（Web、APP 或者传感器等）的数据，电商会使用传统的关系型数据库 MySQL 和 Oracle 等来存储每一笔事务数据，除此之外，Redis 和 MongoDB 这样的 NoSQL 非结构化数据库也常用于数据的管理。

### 4. 数据预处理

如果要对海量数据进行有效的分析，应该将数据导入一个集中的大型分布式数据库，或者分布式存储集群，并且可以在导入基础上做一些简单的清洗和预处理工作。也有一些用户会在导入时对数据进行流式计算，来满足部分业务的实时计算需求。导入与预处理过程的特点和挑战主要是导入的数据量大，每秒钟的导入量经常会达到百兆，甚至千兆级别。

### 5. 数据分析

数据分析包括对结构化、半结构化及非结构化数据的分析，主要利用分布式数据库，或者分布式计算集群来对存储于其内的海量数据进行分析，如分类汇总、基于各种算法的高级别计算等，涉及的数据量和计算量都很大。

### 6. 分析结果的解析

对用户来讲最关心的是数据分析结果与解析，对结果的理解可以通过合适的展示方式，如可视化和人机交互等技术来实现。

## 二、大数据分析的主要技术

大数据分析的主要技术有深度学习、知识计算及可视化等，深度学习和知识计算是大数据分析的基础，而可视化在数据分析和结果呈现的过程中均起作用。

### （一）深度学习

#### 1. 认识深度学习

深度学习是一种能够模拟出人脑的神经结构的机器学习方式，从而能够让计算机具有和人一样的智慧。其利用层次化的架构学习出对象在不同层次上的表达，这种层次化的表达可以帮助解决更加复杂抽象的问题。在层次化中，高层的概念通常是通过低层的概念来定义的，深度学习可以对人类难以理解的底层数据特征进行层层抽象，从而提高数据学习的精度。让计算机模仿人脑的机制来分析数据，建立类似人脑的神经网络进行机器学习，从而实现对数据进行有效表达、解释和学习，这种技术在将来无疑是前景无限的。

2. 深度学习的应用

近几年，深度学习在语音、图像以及自然语言理解等应用领域取得一系列重大进展。在自然语言处理等领域主要应用于机器翻译以及语义挖掘等方面，国外的 IBM、Google 等公司都迅速进行了语音识别的研究；国内的阿里巴巴、科大讯飞、百度、中科院自动化所等公司或研究单位，也在进行深度学习在语音识别上的研究。

深度学习在图像领域也取得了一系列进展。如微软推出的网站 how-old，用户可以上传自己的照片"估龄"。系统根据照片会对瞳孔、眼角、鼻子等 27 个"面部地标点"展开分析，判断照片上人物的年龄。百度在此方面也做出了很大的成绩，由百度牵头的分布式深度机器学习开源平台目前正式面向公众开放，该平台隶属于名为"深盟"的开源组织，该组织核心开发者来自百度深度学习研究院（IDL）、微软亚洲研究院、华盛顿大学、纽约大学、香港科技大学、卡耐基·梅隆大学等知名公司和高校。

举例：德国用深度学习算法让人工智能系统学习凡·高画名画。

2015 年 8 月 26 日，德国一个综合神经科学研究所用深度学习算法让人工智能系统学习凡·高、莫奈等世界著名画家的画风以绘制新的"人工智能世界名画"。他们在视觉感知的关键领域，如物体和人脸识别等方面有了新的解决方法，这就是深层神经网络。基于深层神经网络的人工智能系统提供了绘画模仿，提供了神经创造艺术形象的算法，用以理解和模拟人类去创建和感知艺术形象。该算法是卷积神经网络算法，模拟人类大脑处理视觉时的工作状态，在目标识别方面较其他可用算法更好，甚至比人类专家更好。

## （二）知识计算

1. 认识知识计算

知识计算是从大数据中首先获得有价值的知识，并对其进行进一步深入计算和分析的过程。也就是要对数据进行高端的分析，需要从大数据中先抽取出有价值的知识，并把它构建成可支持查询、分析与计算的知识库。知识计算是目前国内外工业界开发和学术界研究的一个热点。知识计算的基础是构建知识库，知识库中的知识是显式的知识。通过利用显式的知识，人们可以进一步计算出隐式知识。知识计算包括属性计算、关系计算、实例计算等。

2. 知识计算的应用

目前，世界各个组织建立的知识库多达 50 余种，相关的应用系统更是达到了上百种，如维基百科等在线百科知识构建的知识库 DBpedia、YAG、Omega、WikiTaxonomy；Wolfram 的知识计算平台 WolframAlpha；Google 创建了至今世界最大的知识库，名为 Knowledge Vault，它通过算法自动搜集网上信息，通过机器学习把数据变成可用知识，目前，Knowledge Vault 已经收集了 16 亿件事实。知识库除了改善人机交互之外，也会推动现实增强技术的发展，Knowledge Vault 可以驱动一个现实增强系统，让我们从头戴显示屏上了解现实世界中的地标、建筑、商业网点等信息。

知识图谱泛指各种大型知识库，是把所有不同种类的信息连接在一起而得到的一个关系网络。这个概念最早由 Google 提出，提供了从"关系"的角度去分析问题的能力，知识图谱就是机器大脑中的知识库。

在国内，中文知识图谱的构建与知识计算也有大量的研究和开发应用，具有代表性的有中国科学院计算技术研究所的 OpenKN、中国科学院数学研究院提出的知件（Knowware）、上海交通大学最早构建的中文知识图谱平台 zhishi.me、百度推出的中文知识图谱搜索、搜狗推出的知立方平台、复旦大学 GDM 实验室推出的中文知识图谱展示平台等。这些知识库必将使知识计算发挥更大的作用。

通过知识图谱建立事物之间的关联，扩展用户搜索结果，可以发现更多内容。例如，利用百度的知识图谱搜索"达·芬奇"，会得到其生平介绍和他的画作等相关内容。

### （三）可视化

可视化是帮助大数据分析用户理解数据及解析数据分解结果的有效方法，可以帮助人们分析大规模、高维度、多来源、动态演化的信息，并辅助做出实时的决策。大数据可视化的主要手段有数据转换和视觉转换，其主要方法有：

（1）对信息流压缩或者删除数据中的冗余来对数据进行简化。

（2）设计多尺度、多层次的方法实现信息在不同解析度上的展示。

（3）把数据存储在外存，并让用户通过交互手段方便地获取相关数据。

（4）新的视觉隐喻方法以全新的方式展示数据，如"焦点上下文"方法，它重点对焦点数据进行细节展示，对不重要的数据则简化表示，例如鱼眼视图。Plaisant 提出了空间树（Space Tree），这种树形浏览器通过动态调整树枝的尺寸来使其最好地适配显示区域。

## 三、大数据分析处理系统简介

由于大数据来源广泛、种类繁多、结构多样且应用于众多不同领域，因此针对不同业务需求的大数据，应采用不同的分析处理系统。

### （一）批量数据及处理系统

#### 1. 批量数据

批量数据通常数据体量巨大，如数据从 TB 级别跃升到 PB 级别，且是以静态的形式存储。这种批量数据往往是从应用中沉淀下来的数据，如医院长期存储的电子病历等。

对这种数据的分析通常使用合理的算法，才能进行数据计算和价值发现。大数据的批量处理系统适用于先存储后计算、实时性要求不高，但对数据的准确性和全面性要求较高的场景。

2. 批量数据分析处理系统

Hadoop 是典型的大数据批量处理架构，由 HDFS 负责静态数据的存储，并通过 MapReduce 将计算逻辑、机器学习和数据挖掘算法实现。MapReduce 的工作原理实质是先分后合的处理方式，Map 进行分解，把海量数据分割成若干部分，分割后的部分发给不同的处理机进行联合处理，而 Reduce 进行合并，把多台处理机处理的结果合并成最终的结果。

## （二）流式数据及处理系统

### 1. 流式数据

流式数据是一个无穷的数据序列，序列中的每一个元素来源不同、格式复杂，序列往往包含时序特性。在大数据背景下，流式数据处理常见于服务器日志的实时采集，将 PB 级数据的处理时间缩短到秒级。数据流中的数据格式可以是结构化的、半结构化的甚至是非结构化的，数据流中往往含有错误元素、垃圾信息等，因此流式数据的处理系统要有很好的容错性及不同结构的数据分析能力，还能完成数据的动态清洗、格式处理等。

### 2. 流式数据分析处理系统

流式数据处理有 Twitter 的 Storm、Facebook 的 Scribe、Linkedin 的 Samza 等。其中 Storm 是一套分布式、可靠、可容错的用于处理流式数据的系统，其流式处理作业被分发至不同类型的组件，每个组件负责一项简单的、特定的处理任务。

Storm 系统有其特性。

（1）简单的编程模型：Storm 提供类似于 MapReduce 的操作，降低了并行批处理与实时处理的复杂性；

（2）容错性：在工作过程中，如果出现异常，Storm 将以一致的状态重新启动处理以恢复正确状态；

（3）水平扩展：Storm 拥有良好的水平扩展能力，其流式计算过程是在多个线程和服务器之间并行的；

（4）快速可靠的消息处理：Storm 利用 ZeroMQ 作为消息队列，极大地提高了消息传递的速度，任务失败时，它会负责从消息源重试消息。

## （三）交互式数据及处理系统

### 1. 交互式数据

交互式数据是操作人员与计算机以人机对话的方式一问一答地对话数据，操作人员提出请求，数据以对话的方式输入，计算机系统便提供相应的数据或提示信息，引导操作人员逐步完成所需的操作，直至获得最终处理结果。交互式数据处理灵活、直观、便于控制。采用这种方式，存储在系统中的数据文件能够被及时处理修改，同时处理结果可以立刻被使用。

2. 交互式数据分析处理系统

交互式数据处理系统有 Berkeley 的 Spark 和 Google 的 Dremel 等。Spark 是一个基于内存计算的可扩展的开源集群计算系统。针对 MapReduce 的不足，即大量的网络传输和磁盘 I/O 使得效率低效，Spark 使用内存进行数据计算以便快速处理查询实时返回分析结果。Spark 提供比 Hadoop 更高层的 API，同样的算法在 Spark 中的运行速度比 Hadoop 快 10 ~ 100 倍。Spark 在技术层面兼容 Hadoop 存储层 API，可访问 HDFS、HBASE、SequenceFile 等。Spark-Shell 可以开启交互式 Spark 命令环境，能够提供交互式查询。

## （四）图数据及处理系统

1. 图数据

图数据是通过图形表达出来的信息含义。图自身的结构特点可以很好地表示事物之间的关系。图数据中主要包括图中的结点以及连接结点的边。在图中，顶点和边实例化构成各种类型的图，如标签图、属性图、语义图以及特征图等。大图数据是无法使用单台机器进行处理的，但如果对大图数据并行处理，对于每一个顶点之间都连通的图来讲，难以分割成若干完全独立的子图进行独立的并行处理，即使可以分割，也会面临并行机器的协同处理以及将最后的处理结果进行合并等一系列问题。这需要图数据处理系统选取合适的图分割以及图计算模型来满足要求。

2. 图数据分析处理系统

图数据处理有一些典型的系统，如 Google 的 Pregel 系统、Neo4j 系统和 Trinity 系统。Trinity 是 Microsoft 推出的一款建立在分布式云存储上的计算平台，可以提供高度并行查询处理、事务记录、一致性控制等功能。Trinity 主要使用内存存储，磁盘仅作为备份存储。

Trinity 有以下特点。

（1）数据模型是超图：超图中，一条边可以连接任意数目的图顶点，此模型中图的边称为超边，超图比简单图的适用性更强，保留的信息更多；

（2）并发性：Trinity 可以配置在一台或上百台计算机上，Trinity 提供了一个图分割机制；

（3）具有数据库的一些特点：Trinity 是一个基于内存的图数据库，有丰富的数据库特点；

（4）支持批处理：Trinity 支持大型在线查询和离线批处理，并且支持同步和不同步批处理计算。

总之，面对大数据，各种处理系统层出不穷，各有特色。总体来说，数据处理平台多样化，国内外的互联网企业都在基于开源性面向典型应用的专用化系统进行开发。

## 四、大数据分析的应用

大数据分析在各个领域都有广泛的应用，以下以互联网和医疗领域为例，介绍大数据的应用。

1.互联网领域大数据分析的典型应用

（1）用户行为数据分析。如精准广告投放、内容推荐、行为习惯和喜好分析、产品优化等。

（2）用户消费数据分析。如精准营销、信用记录分析、活动促销、理财等。

（3）用户地理位置数据分析。如 O2O 推广、商家推荐、交友推荐等。

（4）互联网金融数据分析。如 P2P、小额贷款、支付、信用、供应链金融等。

（5）用户社交等数据分析。如趋势分析、流行元素分析、受欢迎程度分析、舆论监控分析、社会问题分析等。

2.在医疗领域大数据分析的典型应用

（1）公共卫生：分析疾病模式和追踪疾病暴发及传播方式途径，提高公共卫生监测和反应速度。更快更准确地研制靶向疫苗，例如开发每年的流感疫苗。

（2）循证医学：结合和分析各种结构化和非结构化数据、电子病历、财务和运营数据、临床资料和基因组数据来寻找与病症信息相匹配的治疗，预测疾病的高危患者或提供更多高效的医疗服务。

（3）基因组分析：更有效和低成本地执行基因测序，使基因组分析成为正规医疗保健决策的必要信息并纳入病人病历。

（4）设备远程监控：从住院和家庭医疗装置采集和分析实时大容量的快速移动数据，用于安全监控和不良反应的预测。

（5）病人资料分析：全面分析病人个人信息（例如分割和预测模型），从中找到能从特定健保措施中获益的个人。例如,某些疾病的高危患者（如糖尿病）可以从预防措施中受益。

这些人如果拥有足够的时间提前有针对性地预防病情，那么大多数的危害可以降到最低限度，甚至可以完全消除。

（6）预测疾病或人群的某些未来趋势：如预测特定病人的住院时间，哪些病人会选择非急需性手术，哪些病人不会从手术治疗中受益，哪些病人会更容易出现并发症等。

资料显示,单单就美国而言,医疗大数据的利用每年可以为医疗开支节省出 3000 亿美元。

（7）临床操作：相对更有效的医学研究，发展出临床相关性更强和成本效益更高的方法用来诊断和治疗病人。

（8）药品和医疗器械方面：建立更低磨损度、更精简、更快速、更有针对性的研发产品线。

（9）临床试验：在产品进入市场前发现病人对药物医疗方法的不良反应。

3. 应用案例

（1）互联网大数据分析案例案例背景：

对某互联网公司的用户进行行为分析，实时分析大量的数据。

问题解决步骤：

1）首先提出测试方案

90 天细节数据约 50 亿条导入，并制定分析策略。

2）简单测试

先通过 5 台 PC Server，导入 1 ~ 2 天的数据，演示如何 ETL，如何做简单应用。

3）实际数据导入

按照提出的测试方案开始导入 90 天的数据，在导入数据中解决如下问题：步长问题，有效访问次数，在几个分组内，停留时间大于 30 分钟；HBase 数据和 SQL Server 数据的关联问题；分组太多、跨度过长的问题。

4）数据源及数据特征分析

90 天的数据，Web 数据 7 亿，App 数据 37 亿，总估计 50 亿。

每个表有 20 多个字段，一半字符串类型，一半数值类型，一行数据的大小估计 2000B。每天 5000 万行，原始数据每天 100GB，100 天是 10TB 的数据。

抽取样本数据 100 万行，导入数据集市，数据量为 180MB。

50 亿数据若全部导入需要 900GB 的空间，压缩比为 11 ：1。

假设同时装载到内存中分析的量为 1/3，那总共需要 300GB 的内存。

5）设计方案

总共配制需要 300GB 的内存。

硬件：5 台 PC Server，每台内存 64GB、4CPU 4Core。

机器角色：1 台 Naming、Map，1 台 Client、Reduce、Map，其余 3 台都是 Map。

6）ETL 过程（将数据从来源端经过抽取、转换、加载至目的端的过程）

历史数据集中导：每天的细节数据和 SQL Server 关联后，打上标签，再导入集市。

增量数据自动导：每天导入数据，生成汇总数据。

维度数据被缓存：细节数据按照日期打上标签，和缓存的维度数据关联后入集市；

根据系统配置调优日期标签来删除数据；清洗出有意义的字段。

7）系统配置

内部管理内存参数等配置。

8）互联网用户行为分析

浏览器分析：运行时间、有效时间、启动次数、覆盖人数等。

主流网络电视：浏览总时长，有效流量时长，浏览次（PV）数，覆盖占有率等。

主流电商网站：在线总时长，有效在线总时长，独立访问量，网站覆盖量等。

主流财经网站：在线总时长，有效总浏览时长，独立访问量，总覆盖量等。

9）案例测试结果

90 天数据，近 10TB 的原始数据，大部分的查询都是秒级响应。

实现了 HBase 数据与 SQL Server 中维度表关联分析的需求。

预算有限，投入并不大，又能解决 Hive 不够实时的问题。性能卓越的交互式 BI 呈现，非常适合分析师使用。

（2）百度流行病预测

1）问题提出

利用大数据在医疗服务领域开展疾病预测研究，借助最新大数据技术，呈现身边的疾病信息。人们通过这个疾病预测系统，不仅可以了解当前流行病的态势，还可以看到未来 7 天的变化趋势，提前做好预防措施。

2）数据来源与分析

流行病的发生和传播有一定的规律性，与气温变化、环境指数、人口流动等因素密切相关。每天网民在百度搜索大量流行病相关信息，汇聚起来就有了统计规律，经过一段时间的数据积累，可以形成一个个预测模型，预测未来疾病的活跃指数。

3）预测应用

预测病种是流感、肝炎、肺结核、高血压、糖尿病、心脏病、艾滋病等 13 种疾病，覆盖 331 个地市 2870 个区县，免费提供疾病预测的服务。

4）流感预测

将数据（如搜索、微博、贴吧）与中国疾控中心（CDC）提供的流感监测数据结合建立预测模型。对比 CDC 提供的流感阳性率（2014.5.25 值），绝对误差在 1% 以内的城市占 62%，在 5% 以内的城市占 89%。而其他几种疾病依靠百度搜自身数据，用无监督学习模型来预测疾病热搜动态的时空变化。

总之，大数据分析为处理结构化与非结构化的数据提供了新的途径，这些分析在具体应用上还有很长的路要走，在未来的日子里将会看到更多的产品和应用系统在生活中出现。

# 第三节 大数据的可视化

## 一、大数据可视化概述

### （一）大数据可视化与数据可视化

数据可视化是关于数据的视觉表现形式的科学技术研究。其中，这种数据的视觉表现形式被定义为一种以某种概要形式抽取出来的信息，包括相应信息单位的各种属性和变量。

常见的柱状图、饼图、直方图、散点图等是最原始的统计图表，也是数据可视化最基础、最常见的应用。数据可视化的常见表现形式，其中就包括了柱状图、饼图等多种统计图表。可以看出，使用它们可以快速认识数据，同时传达了数据中的信息。

因为这些原始统计图表只能呈现基本的信息，所以当面对复杂或大规模结构化、半结构化和非结构化数据时，数据可视化的流程要复杂很多。

其具体描述是：首先要经历包括数据采集、数据分析、数据管理、数据挖掘在内的一系列复杂数据处理；然后由设计师设计一种表现形式，如立体的、二维的、动态的、实时的或者交互的；最终由工程师创建对应的可视化算法及技术实现手段，包括建模方法、处理大规模数据的体系架构、交互技术等。所以一个大数据可视化作品或项目的创建，需要多领域专业人士的协同工作才能取得成功。

所以，大数据可视化可以理解为数据量更加庞大、结构更加复杂的数据可视化。

综合以上描述，现将大数据可视化与数据可视化做以下比较，如表2-4所示。

表2-4 大数据可视化与数据可视化的比较

|  | 大数据可视化 | 数据可视化 |
|---|---|---|
| 数据类型 | 结构化、半结构化、非机构化 | 结构化 |
| 表现形式 | 多种形式 | 主要是统计图表 |
| 实现手段 | 各种技术方法、工具 | 各种技术方法、工具 |
| 结果 | 发现数据中蕴含的规律特征 | 注重数据及其结构关系 |

### （二）大数据可视化的过程

大数据可视化的过程主要有以下9个方面。

1. 数据的可视化

数据可视化的核心是采用可视化元素来表达原始数据，例如通常柱状图利用柱子的高度反映数据的差异。

2. 指标的可视化

在可视化的过程中，采用可视化元素的方式将指标可视化，会使可视化的效果增彩很多。例如对 QQ 群大数据资料进行可视化分析中，数据用各种图形的方式展示。通过数据可视化，可以把数据作为点和线连接起来，从而更加直观地显示出来从而进行分析。其中企鹅图标的结点代表 QQ，群图标的结点代表群。每条线代表一个关系，一个 QQ 可以加入 N 个群，一个群也可以有 N 个 QQ 加入。线的颜色的代表含义为：黄色为群主、绿色为群管理员、蓝色为群成员。群主和管理员的关系线也比普通的群成员长一些，这是为了突出群内的重要成员的关系。

3. 数据关系的可视化

在数据可视化方式、指标可视化方式确立以后，就需要进行数据关系的可视化。这种数据关系往往也是可视化数据核心表达的主题宗旨，例如研究操作系统的分布。将 Windows 比喻成太阳系，Windows XP、Window 7 等比喻成太阳系中的行星，其他系统比喻成其他星系的操作系统分布图。

4. 背景数据的可视化

很多时候，光有原始数据是不够的，因为数据没有价值，信息才有价值。例如，设计师马特·罗宾森（Matt Robinson）和汤姆·维格勒沃斯（Tom Wrigglesworth）用不同的圆珠笔和字体写"Sample"这个单词。因为不同字体使用墨水量不同，所以每支笔所剩的墨水也不同。

5. 转换成便于接受的形式

数据可视化的功能包括数据的记录、传递和沟通，之前的操作实现了记录和传递，但是沟通可能还需要优化，这种优化就包括按照人的接受模式、习惯和能力，甚至还需要考虑显示设备的能力，进行综合改进，这样才能更好地达到被接受的效果。例如，对刷机用户所使用系统满意度的调查，其中适当增加一些符号可能更容易被接受。

6. 聚焦

所谓聚焦就是利用一些可视化手段，把那些需要强化的小部分数据、信息，按照可视化的标准进行再次处理。

提到聚焦就必须要讲讲大数据。因为是大数据，所以很多时候数据、信息、符号对于接受者而言是超负荷的，可能就分辨不出来了，这时我们就需要在原来的可视化结果基础上再进行优化。例如百度迁徙中筛选最热线路。

7. 集中或者汇总展示

就百度迁徙来说，这个图表并没有完全结束，还有很大的空间。例如点击每一个城市，就可以看到这个城市具体的迁徙状态。这样人们在掌控全局的基础上，很容易抓住所有焦点，再逐一处理。

8. 扫尾的处理

在之前的基础上，我们还可以进一步修饰。这些修饰是为了让可视化的细节更为精准，甚至优美，比较典型的工作包括设置标题，表明数据来源，对过长的柱子进行缩略处理，进行表格线的颜色设置，各种字体、图素粗细、颜色设置等。

9. 完美的风格化

所谓风格化就是标准化基础上的特色化，最典型的例如增加企业、个人的 LOGO，让人们知道这个可视化产品属于哪个企业、哪个人。而真正做到风格化，还是有很多不同的操作，例如布局、用色、图素，常用的图表、信息图形式、数据、信息维度控制，典型的图标，甚至动画的时间、过渡等，从而形成使接收者赏心悦目，直观了然地理解、接受的网络。

# 二、大数据可视化工具

传统的数据可视化工具仅仅是将数据加以组合，通过不同的展现方式提供给用户，用于发现数据之间的关联信息。随着云和大数据时代的来临，数据可视化产品已经不再满足于使用传统的数据可视化工具来对数据仓库中的数据进行抽取、归纳并简单地展现。数据可视化产品必须满足互联网的大数据需求，快速地收集、筛选、分析、归纳、展现决策者所需要的信息，并根据新增的数据进行实时更新。因此，在大数据时代，数据可视化工具必须具有以下特性。

（1）实时性：数据可视化工具必须适应大数据时代数据量的爆炸式增长需求，快速收集分析数据并对数据信息进行实时更新。

（2）简单操作：数据可视化工具满足快速开发、易于操作的特性，能满足互联网时代信息多变的特点。

（3）更丰富的展现：数据可视化工具需具有更丰富的展现方式，能充分满足数据展现的多维度要求。

（4）多种数据集成支持方式：数据的来源不仅仅局限于数据库，数据可视化工具将支持团队协作数据、数据仓库、文本等多种方式，并能够通过互联网进行展现。

## （一）常见大数据可视化工具简介

现在已经出现了很多大数据可视化的工具，从最简单的 Excel 到复杂的编程工具，以及基于在线的数据可视化工具、三维工具、地图绘制工具等，正逐步改变着人们对大数据可视化的认识。

1. 入门级工具

入门级工具是最简单的数据可视化工具，只要对数据进行一些复制粘贴，直接选择需要的图形类型，然后稍微进行调整即可。

2. 在线工具

目前，很多网站都提供在线的数据可视化工具，为用户提供在线的数据可视化操作。

3. 三维工具

数据可视化的三维工具，可以设计出 Web 交互式三维动画的产品。

4. 地图工具

地图工具是一种非常直观的数据可视化方式，绘制此类数据图的工具也有很多。

5. 进阶工具

进阶工具通常提供桌面应用和编程环境。

6. 专家级工具

如果要进行专业的数据分析，那么就必须使用专家级的工具。

## （二）Tableau 数据可视化入门

Tableau 是一款功能非常强大的可视化数据分析软件，其定位在数据可视化的商务智能展现工具，可以用来实现交互的、可视化的分析和仪表盘分析应用。就和 Tableau 这个词的原意"画面"一样，它带给用户美好的视觉感官。

Tableau 的特性包括：

（1）自助式 BI（商业智能），IT 人员提供底层的架构，业务人员创建报表和仪表盘。Tableau 允许操作者将表格中的数据转变成各种可视化的图形、强交互性的仪表盘并共享给企业中的其他用户；

（2）友好的数据可视化界面，操作简单，用户通过简单的拖曳就能发现数据背后所隐藏的业务问题；

（3）与各种数据源之间实现无缝连接；

（4）内置地图引擎；

（5）支持两种数据连接模式，Tableau 的架构提供了两种方式访问大数据量，即内存计算和数据库直连；

（6）灵活的部署，适用于各种企业环境。

Tableau 拥有 1 万多个客户，分布在全球 100 多个国家和地区，应用领域遍及商务服务、能源、电信、金融服务、互联网、生命科学、医疗保健、制造业、媒体娱乐、公共部门、教育、零售等各个行业。

Tableau 有桌面版和服务器版。桌面版包括个人版开发和专业版开发，个人版开发只适用于连接文本类型的数据源；专业版开发可以连接所有数据源。服务器版可以将桌面版开发的文件发布到服务器上，共享给企业中其他的用户访问；能够方便地嵌入任何门户或者 Web 页面中。

下面将介绍 Tableau 的入门操作，使用软件自带的示例数据，介绍如何连接数据、构建视图、创建仪表板和创建故事。

1. 连接数据

启动 Tableau 后要做的第一件事是连接数据。

1）选择数据源

在 Tableau 的工作界面的左侧显示可以连接的数据源。

2）打开数据文件

这里以 Excel 文件为例，选择 Tableau 自带的文件"超市 .xls"。

3）设置连接

超市 .xls 中有三个工作表，将工作表拖至连接区域就可以开始分析数据了。例如将"订单"工作表拖至连接区域，然后单击工作表选项卡开始分析数据。

2. 构建视图

连接到数据源之后，字段作为维度和度量显示在工作簿左侧的数据窗格中，将字段从数据窗格拖放到功能区来创建视图。

1）将维度拖至行、列功能区。

2）将度量拖至"文本"。

3）显示数据。

3. 创建仪表板

当对数据集创建了多个视图后，就可以利用这些视图组成单个仪表板。

1）新建仪表板。

2）添加视图。

4. 创建故事

使用 Tableau 故事点，可以显示事实间的关联、提供前后关系，以及演示决策与结果间的关系。

单击"故事"→"新建故事"，打开故事视图。从"仪表板和工作表"区域中将视图或仪表板拖至中间区域。

5. 发布工作簿

1）保存工作簿

保存工作簿可以通过"文件"中的"保存"或者"另存为"命令来完成，或者单击工具栏中的"保存"按钮。

2）发布工作簿

发布工作簿可以通过"服务器"→"发布工作簿"来实现。

Tableau 工作簿的发布方式有多种，其中分享工作簿最有效的方式是发布到 Tableau Online 和 Tableau Server。Tableau 发布的工作簿是最新、安全、完全交互式的，可以通过浏览器或移动设备观看。

# 第三章　大数据技术发展政策研究

## 第一节　开展大数据技术发展研究的意义

大数据已被广泛地认为是创造新价值的利器和引领下一轮经济增长的助推剂。开展大数据技术与应用研究的意义可主要概括为如下两个方面：

（1）大数据已渗透到每一个行业和业务职能领域，已成为继物质和人力资源之后的另一种重要资源，将在社会经济发展过程中发挥不可替代的作用。大数据将逐渐成为现代社会基础设施的重要组成部分，就像公路、铁路、港口、水电和通信网络一样不可或缺。资源、环境、经济、医疗卫生和国防建设等各种各样的大数据已经和物质资源、人力资源一样成为一个国家的重要战略资源，直接影响着国家和社会的安全、稳定与发展。大数据时代国家层面的竞争力将部分地体现为一个国家拥有的数据规模、活性以及解译和运用数据的能力。

正是由于洞察到大数据无可估量的资源价值，美欧日等发达国家纷纷将大数据技术和应用提升为国家发展战略，旨在抢占大数据时代的战略制高点。2012 年 3 月美国发布《大数据研究和发展倡议》，旨在利用大量复杂数据获取知识，提升洞见能力。2012年 7 月，日本推出《新 ICT 战略研究计划》，重点关注大数据应用，旨在提升日本竞争力。我国拥有众多的大数据资源，整合与利用的前景极为广阔，尽快将大数据技术与应用提升为国家发展战略具有更为重大的战略意义。

（2）大数据的出现将部分地使科学研究从过去的假设驱动型转化为数据驱动型，从而为科学技术的发展开辟一条新的途径。有相当数量的科研活动是按如下两条路径展开的：假设事物各组成部分及其相互关系遵从某些规律，然后通过实验或数理逻辑的方法得到该事物的整体规律；假设所研究的事物集合具有某种同质性且各事物在行为演化过程中互不影响（对应统计学上的独立同分布），随机地选择该集合中的少量事物进行观测并获取相关数据，然后进行数据处理和分析，进而得出该事物集合整体上所遵循的统计规律。第一种路径在没有已知规律可循或事物各组成部分之间的关系过于复杂而难建以立模型时失效；第二种路径在独立同分布假设不成立或采样的随机性得不到保证时失效。需要说明的是有相当多的事物（如人口普查）集合不满足独立同分布假设，且很难做到随机采样。"一旦采样过程中存在任何偏见，分析结果就会相去甚远。"继第三种科研范式——"计算机模拟仿真"之后，已故图灵奖得主吉姆·格雷（Jim Gray）在2007年的最后一次演讲中将基于数据密集型的科学研究描述为"第四范式"，并指出面对各种最棘手的全球性挑战，在传统的理论方法因过于复杂而难以解决这些问题时，数据驱动的"第四范式"可能是最有希望解决这些难题的方法。

目前，各学科的发展已越来越离不开数据。除传统的模式识别、数据挖掘和机器学习外，基于数据的建模、预测、反演、决策与控制等已逐渐成为新的研究领域。大数据正在部分地改变着现有的科研模式，也在逐渐地改变着人们的思维定式。因此，面向复杂对象开展大数据处理方法及其应用研究具有重要的科学意义。

大数据及相关处理技术可转化为巨大的社会经济价值，被誉为"未来的新石油"。美英等发达国家在大数据应用方面已有许多成功的案例。例如：利用医疗卫生数据监视医疗体制的运行状况和民众健康的变化趋势，评估不同的医疗技术和治疗方案，并帮助政府选择和制订恰当的医疗改革方案；利用能源数据推动各相关部门实行节能减排方案；利用交通运输数据疏解交通拥堵；利用网络数据提供信息服务，分析舆情和保障国家安全等。据麦肯锡全球研究所预测，单就医疗卫生一个行业，有效的数据处理和利用每年可带来3000亿美元的经济价值。

## 第二节　宏观层面国家大数据战略

随着科学技术的不断发展，大数据技术也在不断地发展变化。为了加速大数据技术的发展，各国政府积极制定相关政策体系以推动大数据技术的发展。同时，为了避免大数据技术在发展过程中出现偏差，又需要从政策体系角度对大数据技术的发展进行合理制约。

美国、英国、日本都属于世界科技强国。美国大数据技术发展起步最早，政策体系最为完善。英国和日本政府也非常重视大数据技术发展，并积极制定相应政策，尽管其大数据技术发展方面处于追赶美国的地位，但这两个国家大数据技术发展起步均早于我国。因此，本书将对美国、英国、日本三国的大数据技术发展政策体系进行比较研究。本书意在通过对三国大数据技术发展政策体系的研究，为我国大数据技术发展政策体系寻找可以借鉴的经验和方法。

大数据技术发展的政策体系是一个系统，其具有整体性、层次性、结构性。研究大数据技术发展的政策体系，需要从宏观、中观、微观三个层面进行研究。宏观方面指国家战略层面的规划；中观方面指区域层面的大数据技术政策；而微观方面指企业及公共项目层面的政策体系。宏观、中观、微观三个层面的大数据技术政策共同构成了完整的大数据技术发展政策体系。通过对涉及"大数据技术发展政策体系"的相关文献进行梳理发现，在技术能力提升方面，学者比较认可从基础研究、技术研发、人才培养、资金保障、产业扶持五个方面进行研究。而本书也将基础研究、技术研发、人才培养、资金保障、产业扶持作为研究要素，从宏观国家战略规划、中观产业大数据技术政策、微观企业政策及公共项目政策三个层面对大数据技术发展政策体系进行研究。

## 一、世界主要国家大数据战略

为了研究各国大数据技术发展的政策体系，建立了以下政策框架，从宏观国家战略规划、中观区域大数据技术政策、微观企业政策及公共项目政策三个层面对各国大数据技术发展政策体系进行比较分析。（见图3-1）

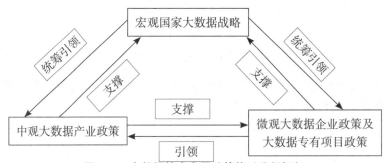

**图3-1 大数据技术发展政策体系分析框架**

国家大数据战略统筹引领了中观大数据产业政策、微观大数据技术企业政策及大数据专有项目政策，中观和微观两方面政策是对宏观国家大数据战略的支撑。同时，微观大数据企业政策、大数据专有项目政策也支撑了中观大数据产业政策的发展。宏观、中观、微观三方面政策共同构成了大数据技术发展的政策体系。

国家大数据战略的制定为大数据技术的发展提供了宏观的指导方向和执行依据。通过对宏观层面国家大数据战略规划的研究可以对各个国家的战略目标、内容、重点领域以及相应的管理体制有所了解，方便对各国大数据战略的特色和要点进行总结。本书从基础研究、核心技术研发、对产业和研究机构提供的技术创新扶持、人才培养以及资金保障五个方面，对宏观国家大数据战略进行比较分析。

（1）美国——重视研发，加强立法。美国最早将大数据发展列为国家战略，重视大数据技术研发，并加强了立法。美国是最早起步研究大数据的国家之一，美国重视大数据技术研发和应用，强化顶层设计。2012年3月，奥巴马政府发布《大数据研究和发展计划》（以下简称《计划》）。《计划》认为数据规模及数据应用能力是综合国力的重要组成部分，对数据的占有和控制将成为国家核心资产。美国将大数据核心技术研发、培养国家大数据人才、保护国家安全作为主要的战略目标，将卫生、能源、国防与安全、地质勘探、科学研究几个方面作为重点发展领域。美国将国防与国家安全、医疗卫生、能源、科学研究作为大数据重点发展领域，开展了多个项目。在管理体制方面，由白宫科学和技术政策办公室负责战略制定，并成立了大数据高级监督组进行监督和执行。为促进基础研究，美国国家科学基金会提出："向美国加州大学伯克利分校进行资金资助以帮助他们研究如何整合机器学习、云计算、众包三大技术用于将数据转变为信息；提供对地球研究、生物研究等基础性研究项目拨款等。"美国格外重视关键技术研发，联邦部门大数据项目列表对国防、民生及社会科学等领域的核心关键技术研发进行了详细部署。在人才培养方面，美国力图"扩大从事大数据技术开发和应用人员的数量"。同时，国家科学基金会也鼓励研究性大学设立跨学科的学位项目，为培养下一代数据科学家做准备。在资金保障方面，"美国国家科学基金会、国家卫生研究院、国防部等六个联邦部门和机构承诺投资超过 2 亿美元用于研发从海量数据信息中获取知识所必需的工具和技能，努力改善大数据相关采集、组织分析及技术、决策等工作"。在产业扶持方面："美国政府以技术研发优势为基础，以市场为导向，突出重点的推进技术创新和大数据产业发展。""同时，美国政府积极推行数据公开，逐步开放 1209 个数据工具和 37 万个数据集，推进政府实现新增和经处理数据的开放和机器可读，加强了大数据产业发展的活力。"美国政府重视数据资源整合和平台建设。

另外，在大数据应用过程中，美国认为如何保护隐私是亟待解决的问题。美国正在不断修改相关法律法规以加强隐私保护，并将"改进消费者隐私权法案、通过有关国家数据外泄的立法、保护非美籍人士的隐私、规范在校学生数据采集使用、修正电子通信隐私法等"作为未来的改进重点。

（2）英国——做好战略布局，重视数据开放共享。英国由商业、创新与技术部牵头编制，并于 2013 年 10 月底发布了《英国数据能力发展战略规划》。英国意图成为大数据分析的世界领导者，以实现英国在数据挖掘和价值萃取中的世界领先地位为战略目标。英国大数据战略中涵盖以下主要内容："加强大数据相关人才培育；大力提升研发实力，加强基础设施建设，促进学校、企业、机构和部门之间合作；重视数据安全及隐私，合理进行数据共享及信息公开。"英国将数据公开作为重点，积极促进大数据技术从科研向应用转化。在管理体制方面，英国成立信息经济委员会负责英国数据能力战略方针制定，并由各个部门进行分管。英国成立研究部门透明委员会负责英国政府数据公开制度的制定；英国统计局和经济社会研究委员会负责政府数据能力提升；信息化基础设施领导委员会负责为大数据工作基础设施建设、技术支持提供建议；在具体战略实施方面，由信息经济委员会来负责。在基础研究和技术研发方面，强调"以强大的数据存储、云计算、网络等基础设施为基础，大力开发新软件和新技术，提升研发实力"，并强调加强对高校、研究机构的资金扶持和合作平台搭建；在人才培养方面，提出"通过发展数据相关技术、全面提升和改革教育体系中数据相关课程和专业研究，以及企业人才激励和数据相关职业发展，来促进人才培育"。在资金保障方面，"英国政府投资 1.89 亿美元来支持大数据的研究和设施建设"。在产业扶持方面，英国积极进行政府数据开放，数据战略委员会更是投资 800 万英镑以鼓励公共部门、企业、机构进行开放数据，英国政府还强调科学家和企业之间应进行数据开放。英国政府通过鼓励数据开放共享，鼓励产学研协作，促进本国大数据产业发展。

（3）日本——将大数据作为 ICT 战略重点，重视大数据应用。日本于 2012 年 7 月推出了《面向 2020 年的 ICT 综合战略》，以"活跃在 ICT 领域的日本"为目标，其中主要探讨了大数据的发展方向，并非常关注大数据政策。该战略的主要内容为：促进大数据应用所需的智能技术研发、传统产业 IT 创新、新医疗技术开发等。2013 年 6 月，日本又公布了新 IT 战略"创建最尖端 IT 国家宣言"，提出在 2013—2020 年间以发展开放公共数据和大数据为核心的日本新 IT 国家战略。日本也非常重视大数据技术人才的培养与数据的开放和共享。日本由总务省、文部科学省、经济产业省等部门来具体负责大数据技术的研发与产业发展。在基础研究和技术研发方面日本重视大数据应用所需的社会化媒体等智能技术开发，并进行资金资助。日本政府格外重视本国 IT 产业发展，并将大数据和云计算作为关键，并重点提出了开放数据、数据流通、创新应用三个部分。在人才培养方面，日本成立"数据科学家协会"，努力培养大数据专业人才。在资金投入及产业扶持方面，日本总部省、文部科学省、经济产业省等部门共投入近 100 亿日元推进大数据技术研发及产业发展。日本政府加强政府信息公共平台建设，成立"日本云计算财团"（JCC）产学研联盟等的措施推动产业发展。

## 二、大数据战略比较分析

美国科技水平长期处于世界领先地位，其拥有一批大数据技术相关企业，大数据技术发展水平较高。美国是市场主导的自由经济发展模式，企业技术创新能力较强。美国政府将大数据作为重要国家战略资源，其积极利用大数据技术形成国际竞争中的优势，并利用大数据技术维护国家安全。因此，其非常重视大数据技术的研发及相关法律法规的完善。英国也积极进行大数据布局，努力在国际竞争中取得优势地位，意图成为大数据分析的世界领导者。英国本身具有相对完备的数据统计基础，其也是自由经济发展模式，政府通过积极进行公共部门的巨量数据开放共享为大数据企业发展提供有利条件。日本则是政府主导下的市场经济发展模式。在大数据技术发展方面，其与英国相近，都在积极追赶美国。而由于日本经济发展模式中强调政府的主导，其积极制定大数据战略并采取一系列措施以促进大数据产业发展。相比美国重视大数据技术研发和英国重视数据开放共享，日本更重视大数据技术应用层面。由于英国、美国、日本都是世界科技强国，且大数据技术发展较早，因此本书将这几个国家宏观大数据战略方面的政策进行了比较。

（1）共同点。第一，各个国家的大数据战略目标基本一致，均是意图通过国家大数据战略确定来推动本国大数据技术研发、加强相关行业的大数据应用以及大数据产业发展。各个国家都非常重视大数据发展，想要在国际竞争中取得优势地位。

第二，美国、英国和日本的国家战略规划都确立了具体的管理和执行机构。美国建立大数据高级监督组，对政府对大数据的投资进行协调，促进美国大数据核心技术的研发，以推进美国大数据战略目标的实现。英国的大数据战略将基础设施和软硬件的建设、技术能力、数据开放与共享等分配到各个具体机构，由信息经济委员会负责具体实施。日本则由总务省、文部科学省、经济产业省等部门来具体负责大数据技术的研发与产业发展。

第三，各个国家均有重点的大数据扶持项目和明确的大数据行动计划。美国、英国、日本均有明确的扶持领域。美国格外重视大数据关键技术领域的研发；英国重视数据分析技术、公共数据的开放共享和产学研方面的合作；日本则格外重视大数据相关 IT 产业的发展，重视人才方面的培养。

第四，美国、英国、日本三国都非常重视对大数据技术研发方面的资金保障。在美国、英国和日本的国家大数据战略中，都明确提出了在大数据方面的具体投资金额。美国政府 2012 年在大数据领域投入 2 亿美元科研经费，用于大数据核心技术研发、加强国防安全和扩大从事大数据技术研发利用工作的人员数量；2013 年年初英国商业、创新和技能部宣布注资 6 亿英镑发展 8 类高新技术，其中大数据技术研发和应用获得了 1.89 亿英镑支持；日本总务省、文部科学省、经济产业省等部门共投入近 100 亿日元推进大数据技术研发及产业发展。

（2）不同点。尽管如今美国、日本、英国、中国等世界主要国家都出台了相应的政策以推进大数据技术的发展，但是不同的国家政策侧重点也各有不同。

第一，各个国家大数据发展的重点目标不同。美国身为头号科技强国，政府较为重视大数据研发和应用，强化顶层设计，想要引领全球的大数据技术发展；而英国的大数据政策体系中，较为重视大数据技术研发和应用，英国政府更是发布《英国农业战术战略》，意图利用大数据来推动英国农业发展，并将英国打造成农业信息学世界强国；日本政府则认为大数据应用是提升日本国际竞争力的必要手段，并非常重视大数据应用人才的培养；我国国家战略层面的大数据政策比较全面，提出建立数据强国的目标，并强调推动大数据全面发展。

第二，战略规划推动路径不同。美国重点扶持重要的大数据技术研发，带动其他部门和社会各界的大数据技术研发和应用。英国则重视大数据技术人才培养以及基础设施建设，强调各个部门之间的沟通协作。英国政府强调营造良好的大数据技术发展环境，强调"打好基础"。日本则非常重视大数据技术人才的培养和大数据产业的发展。我国则强调从数据开放与共享以及体制机制创新方面推动大数据整体发展。

第三，战略制定机构不同。美国主要是科学技术相关部门进行战略制定。而英国则是经济发展相关部门进行战略制定。日本则是由总务省、经济产业省和文部科学省进行战略制定。

第四，培养人才侧重点不同。美国偏重于大数据技术研发及管理层面的人才培养，英国重视大数据分析技术人才及应用人才培养，日本偏重于大数据应用人才培养。

第五，产业扶持方法不同。美国和英国都是自由经济发展模式，主要是鼓励数据开放和共享，为大数据产业发展提供活力。而日本政府不光在"活跃ICT日本"中提出培育新产业，并投资近100亿日元用于大数据技术研发及产业发展。我国则是鼓励数据开放共享的同时，努力优化大数据产业区域布局。在产业扶持方面，美国和英国更偏向于大数据市场自由发展，政府只是间接提供良好的大数据技术发展环境。而日本则属于政府主导的市场经济发展模式，在大数据市场发展过程中，强调政府的主导作用。

第六，国家战略规划发布时间不同。美国大数据战略布局较早，大数据技术水平较高。而英国和日本则是紧随其后，制定了国家大数据战略。

美国、英国、日本三国都非常重视大数据技术的发展，并将大数据作为国家战略。美、日、英三国也都确立了具体的管理和执行机构，以统领大数据技术政策的具体执行。三个国家都在大数据技术研发方面明确了资金保障的具体数额。美、英、日三国都根据本国大数据技术发展水平的不同情况，确立了符合本国国情的大数据技术政策。美国由于相关企业和产业大数据技术基础良好，鼓励企业大数据技术自由发展。美国政府同时对政府领域的大数据技术研发进行了资金保障。美国更多的是强调大数据市场自由发展，并没有形成过多的管控。英国重视大数据分析技术，也积极对大数据技术研究进行了资金保障。英国政府拥有良好的基础，政府重视公共数据的开放共享，积极为大数据技术产业发展创造有利条件。日本则偏重于大数据技术应用，并积极制定相关政策鼓励大数据相关产业发展。

美国、英国、日本三国都从国家战略角度积极进行布局，促进本国大数据技术的发展。三个国家都是科技强国，且大数据技术起步早于我国，对我国大数据战略具有借鉴意义。

## 第三节 中观层面大数据技术产业政策

在中观产业层面，地方各级政府积极制定相应的大数据技术政策，积极推动大数据技术发展。在中观产业层面，从基础设施建设、技术研发、资金投入、人才培养及产业扶持五个要素进行分析。大数据技术作为现代新兴信息技术，它的产生和发展推动了大数据产业的发展。在各地大数据技术政策中，都非常重视大数据产业的发展，而大数据产业中的实际应用又会促进大数据技术的发展。研究大数据技术发展的政策体系，就必须研究大数据产业。大数据产业的发展需要大数据产业政策的扶持和技术创新。政府制定相关政策对大数据产业进行扶持，有利于大数据技术实现真正的社会价值的转化，同时也有利于大数据技术不断的发展完善；而技术创新则是优化产业结构的助力。

大数据技术的发展有利于大数据产业的发展。而在大数据产业应用过程中，大数据技术是大数据产业的技术支撑，推进技术创新有利于产业实践活动更好地进行，二者联系密切。反之，推动大数据产业发展，有利于促进技术创新，能够推动大数据技术发展。推进大数据产业的发展，需要政府进行合理的政策引导，一方面实行积极的政策，进行政策激励，另一方面又从相关法律法规方面进行合理政策制约，更好地维护大数据产业发展。促进大数据产业的发展，离不开基础设施的建设；而大数据产业发展的核心要素就是技术研发，技术研发为大数据产业发展提供了技术支撑；推进大数据产业的发展，离不开大数据相关人才以及资金的保障；大数据产业还是一个整体，想要推进大数据产业整体发展，就需要积极进行多方协作。通过对以上大数据产业链体系进行分析得出结论，在中观大数据产业层面的政策体系中，可以将基础设施建设、技术研发、人才培养、多方协作及资金保障五个方面作为分析要素。

当前大数据产业处于初步发展阶段。美国大数据产业发展最早，而英国和日本紧随其后。全球领先咨询分析机构Wikibon 2015年做了全球大数据产业营收及预测报告：2013年全球大数据产业营收186亿美元，同比增长58%；2014年全球大数据产业营收285亿美元，同比增长53%；2015年全球大数据产业营收384亿美元，同比增长35%；Wikibon公司同时预测到2021年，全球大数据产业营收将达到802亿美元。由此可见，全球大数据产业发展前景巨大。

### 一、世界主要国家大数据技术产业发展

（1）美国大数据产业发展。美国信息技术产业一直位于世界前列，其软件和硬件实力强劲，其旺盛的市场需求是美国大数据产业发展的重要推动力。大数据形成之前，美

国已经有很多大数据领域方面的技术积累，这为信息技术企业转型成大数据企业做了技术准备。而美国的企业凭借软硬件核心技术基础和传统 IT 优势抢占了产业链前端。一大批美国企业通过并购、整合、吸收推出了各种面向大数据的服务产品，抢占搜索服务、数据仓库、服务器、存储设备、数据挖掘等产业链核心价值环节。在美国的企业中，有的企业重视大数据技术研发，有的通过企业之间的并购提早对转型大数据企业进行布局。谷歌公司的 MapReduce 和雅虎的 Hadoop 大数据技术架构都是技术研发方面的典型。而 IBM 公司从 2005 年以来以累积出资 160 亿元收购了 30 家大数据企业。大数据中不仅有结构化数据，还包含非结构化数据和半结构化数据。甲骨文公司身为数据库领域的领头羊，也推出了大数据业务。其他信息技术类企业也积极布局大数据，全球最大 PC 厂商惠普公司则花费 110 亿美元收购了英国大数据企业 Autonomy 公司，进军大数据业务。市场对大数据的需求拉动着美国大数据产业的发展。美国大数据产业的需求主要来自以谷歌、雅虎、ebay 等公司为主的信息技术企业、以华尔街金融企业为主的依赖数据管理的企业、大数据应用潜力巨大的企业和数据驱动型企业。其中，依赖数据管理的金融企业重视在数据基础设施方面的投资力度；而数据驱动型企业积极对数据进行采集、处理、分析并得出相关性的结论，以辅助企业进行决策。

美国政府高度重视大数据产业的发展，并为其提供政策支持。2012 年 3 月奥巴马政府发布《大数据研究和发展规划》，确立了第一轮大数据研究项目，美国国家科学基金会等六个联邦部门和机构投资 2 亿美元用于研发"从海量数据信息中获取知识所必备的工具和技能"。美国政府对大数据技术工具和技能的研发为本国大数据产业发展提供技术保障。同年美国颁布了消费者数据隐私法案，以加强对个人隐私的保护。这也间接保证了大数据产业的健康发展。

在人才培养方面，美国政府积极鼓励高校设立大数据相关课程，积极培育"数据科学家"。如今美国已有数 10 所高校设立大数据课程。而美国国家科学基金会则进行了资金资助，资助加州大学伯克利分校 1000 万美元，将众包、云计算、机器学习三种方法进行整合，用于将数据转换成信息。美国政府同时鼓励高校与企业之间的合作，高校为企业之间输送了一大批大数据领域相关人才。美国联邦政府积极推出尖端项目，通过产业界、学术界、资本市场及非营利组织之间通力合作，共同推进大数据技术发展。

随着美国大数据产业的不断发展，产业链体系已经完善。"当前，美国形成了纵向两层次、横向两层次的完整大数据产业链，纵向上看是底层开源项目以及在此基础上的基础架构、证析和应用；横向上看则是基础架构、证析和应用。"

（2）英国大数据产业发展。近年来，英国经济持续低迷，经济发展成疲软状况。为了扭转这一局面，英国希望通过扶持新兴科学技术发展来增强国际竞争中的科技硬实力，渴望通过创造新的经济增长点来带动本国经济发展。大数据的出现正好迎合了英国的经济发展需求。英国希望通过大数据技术的研发来提高生产力和创新力，促进本国产品和服务市场转型。

2013 年 10 月，英国商务、创新和技能部发布《英国数据能力发展战略规划》，意图使英国成为大数据分析的世界领跑者。数据能力包含三个方面：人力资本；基础设施、软件和研发能力；数据资产。其中人力资本方面包含高技术水平人才以及会使用数据的广大民众。而为了使英国成为大数据领域领跑者，发展本国大数据产业，采取了相应的政策措施。近年来，英国加大对大数据技术研发的前期投入，鼓励大数据产业发展，并推进其在商业、农业方面的应用。2013 年，英国商业、创新和技能部宣布投资 1.89 亿英镑用于大数据基础设施建设和大数据技术研发；2014 年英国追加 7300 万英镑投资用于资助政府 55 个数据分析项目，并用这笔投资在地方大学建立四个大数据研究中心。2014 年，英国成立阿兰·图灵研究所，主攻大数据分析和应用研究，间接推动本国大数据产业的发展。英国还成立了信息经济委员会，作为一个跨企业界、学术界和政府的合作部门，为英国大数据技术发展提供建议，推动大数据产业发展。

英国发布该《规划》重点布局大数据也是其市场需求的结果。英国大数据的应用需求非常广泛，以零售业和航空业为代表。英国大型连锁超市 Texco 在其营销系统内通过顾客购物内容、刷卡金额、发布调查问卷等渠道对顾客巨量消费数据进行采集和整理加工，然后利用计算机并运用相关数学模型对巨量数据集进行分析，从而得出相关性的结论，为企业决策提供辅助。英国航空业希望通过利用乘客消费的数据来对航班运营配置进行优化，从而节约成本，提高资源配置效率。Cloudera 公司作为一家 Hadoop 数据管理软件和服务提供商，是大数据产业领域的代表，在全球有 1300 多家企业成为其客户。该公司基于 Hadoop 架构，出售自己开发的软件。客户只要购买其服务，就可以在 Hadoop 平台上运行，便于对大数据进行管理。2012 年 10 月，英国政府与该公司开展合作。2013 年 Cloudera 公司在英国成立办事处，加强与英国政府在 Hadoop 系统开发及应用方面的合作，为英国政府及大数据企业的发展提供技术保障。

（3）日本大数据产业发展。近年来日本长期处于经济低迷状况，人口处于老龄化阶段，社会公共基础设施老化。为了改变这一现状，日本大力发展 IT 产业，并将大数据、开发数据和云计算作为重点。2013 年 6 月日本发布新 IT 战略——"创建最尖端 IT 国家宣言"，致力于将日本打造成"具有世界最高水准的广泛运用信息产业技术的社会"。日本政府制定该战略也是源自其旺盛的大数据市场需求。日本大数据市场规模不断扩大。2012 年日本大数据市场规模为 2000 亿日元，2015 年增长到 4200 亿日元，2017 年达到 6300 亿日元。

日本政府采取一系列措施促进本国大数据产业的发展。日本总务省、经济产业省等部门投资近 100 亿日元推进大数据技术研发和产业的发展。日本同时颁布《高度情报信息网络社会信息基本法》在法律中将 ICT 作为日本未来发展的重点。

"而对于企业而言，日本企业当前使用大数据更多的是用来完善现有服务。日本企业当前更多的是运用大数据技术来促进销售、产品开发、支持决策、开展基础研究，加强内部控制等。"日立公司是日本大数据产业发展相关支持产业的代表。2013 年日本公司成立全球创新分析中心，加速大数据全球商业拓展。日立公司主要业务内容是为用户提供研究、商业咨询及信息技术服务。

当前日本大数据产业发展与美国尚有差距，但其大数据产业的技术研发能力在亚洲居于领先地位。日本 IT 行业技术水平位于世界前列。IT 技术的核心则是云计算领域和大数据产业，而云计算又是大数据产业的重要组成部分。因此，日本 IT 企业的不断发展，也会带动大数据产业全面发展。

## 二、各国大数据产业政策比较分析

通过以上各国大数据产业政策比较分析可以发现，美国形成了体系完整的大数据产业链，美国的大数据产业政策集中于产业链数据源端和数据应用端，主要从科技创新的各大要素，即人、财、物、立法、开源开放环境等进行。"从整体来看，美国对于大数据产业本身发展并没有任何介入，只是在研发项目中进行资金资助。"而产业联盟多是由业界自身形成的。这种自由经济模式能够全方位提升社会利用数据的能力，激发社会创新氛围。美国政府充分发挥市场机制，没有限定大数据产业本身发展路径和区域分布，这就提高了大数据产业创新的能力和活力。

英国紧随美国其后制定了推进大数据及相关产业发展的政策，重视大数据基础设施建设和大数据技术研发投入，并取得初步成果。智囊团 PolicyExchange 称："通过合理、高效使用大数据技术，英国政府每年可节省 330 亿英镑。"英国政府积极促进政府和公共领域的大数据应用，拉动大数据产业发展。在大数据应用领域，英国则走在世界前列。除了政府和公共领域的大数据应用外，英国伦敦金融业也是最早进行大数据应用的行业之一。而英国企业在大数据领域创新发明仍与美国有差距，仍处于追赶美国的状态。综上所述，英国并没有明确发布大数据产业政策，而是从大数据相关产业入手，进行政策推动。英国政府主要从资金投入方面和基础设施建设方面进行投入，并没有直接规划本国大数据产业发展的政策。由于英国也属于自由经济，其大数据企业技术创新能力稍逊于美国，其大数据产业体系还处于发展阶段。

日本也紧跟美国的步伐制定了大数据相关产业的政策。由于日本属于政府主导型市场经济，政府在其大数据相关产业发展层面积极进行政策主导。日本重视大数据应用领域，推进大数据产业发展的同时也重视对大数据相关产业的应用。在日本总务省发布的《信息通信白皮书》，不仅从宏观方面把握了日本大数据发展整体状况，更对微观方面大数据在企业层面的应用场景、问题和效果做出调研。日本政府积极跟进市场需求，从政策方面主导大数据产业的发展。同时日本大数据相关产业也对大数据产业进行了支持。目前，日本大数据产业也处于逐步发展阶段。

美国本身拥有一大批信息技术企业，拥有较好的大数据技术基础，大数据产业形成较早。美国是自由经济发展模式，在中观大数据产业发展方面，其主要是为大数据核心技术研发提供一定的资金保障。而在其大数据产业技术创新方面，则主要是通过一大批大数据企业自主进行技术创新完成的。英国的大数据产业还在逐步形成。英国政府与美国政府相似，都强调大数据技术研发的资金投入。英国政府不仅在大数据基础设施和大数据技术研发方面加大资金投入，还积极设立大数据技术相关项目，以间接促进本国大数据技术相关产业发展。日本政府则与英美两国不同，其经济发展模式中强调政府的主导作用。日本政府积极采取多方面政策措施大力促进本国大数据产业发展。尽管目前日本大数据产业与美国还有差距，但是其大数据技术研发能力和大数据产业发展都处于亚洲前列，加上其与中国一样在经济发展中都强调政府的主导作用，因此其促进大数据产业发展的措施对我国有很重要的借鉴意义。

## 第四节　微观层面企业大数据政策及项目政策

大数据技术发展的政策体系是一个完整的系统。其中，政府负责国家宏观战略规划的引领，中观产业层面则需要积极进行大数据技术的应用，微观层面则需要具体大数据企业和政府专有项目方面负责具体实际操作。本书中的微观大数据企业政策属于特殊政策，而微观项目政策则属于专有政策。大数据技术的发展还需要企业进行技术创新和政府设立专有项目来推动。政府设立专有项目政策有利于大数据技术中具体领域的发展。企业根据市场需求进行技术创新有利于带动整体大数据产业的发展。而在大数据产业的具体应用过程中又会产生新的需求，大数据产业需求的不断变化又会促进大数据技术的发展。而国家宏观战略规划则有利于我国大数据技术的健康、可持续发展。

由于篇幅所限，在此只对美国、英国、日本三国大数据企业政策及专有项目政策进行简要分析。

### 一、世界主要国家微观企业大数据技术发展及政策情况

（1）美国微观大数据企业发展及政策情况。美国奥巴马政府 2009 年推出 "Data.gov" 系统，其中涵盖农业、金融、气象等 50 个门类的原始、地理工具和数据工具，美国政府已经逐步开放了 1209 个数据工具和 37 万数据集，方便企业及个人大数据信息的

获取。美国政府及民间组织大数据方面需求巨大，积极进行大数据、大数据产品及服务的购买，促进企业发展。

另外，美国大数据初创企业众多，由以大型信息技术公司员工、大学教授、学生、大数据技术研发人员为主的群体进行创业，为美国企业大数据技术创新提供了良好的环境。

（2）英国微观大数据企业发展及政策情况。英国积极公开公共部门数据以鼓励大家购买大数据领域社会企业的产品和服务。2015年，英国推出首期"数据开放营"，向企业和开发人员开放更多公共部门数据。该活动参与者将获得涵盖1万家英国社会企业的"Buy Social"目录指南。同年3月底，英国国家测绘局测绘服务部门计划向公众开放部分测绘数据，这有利于中小企业对国家测绘局世界领先地图进行利用，从而便于中小企业结合该地图展现更高精度的细节。英国国家测绘局还计划在4月开放伦敦地理空间创新中心，以支持开发人员进行新产品和新服务的开发。英国政府积极公开共享数据鼓励企业进行商业创新。"英国技术集群联盟与信息经济委员会进行合作，致力于提高风险资本和其他融资形式的适用性，帮助英国大数据相关企业吸引国际投资。"英国信息经济委员会还领导高新制造业供应链计划和技术合作项目，积极增加信息领域供应商，为企业发展创造更多机会。

（3）日本微观大数据企业发展及政策情况。日本《信息通信白皮书》中，对大数据进行专项调查。在微观层面，通过对二手资料分析和实地调研，探寻大数据在企业层面的应用场景、问题和效果。日本2014年开始实施可浏览国家各部门和各县市地方公开数据的网站，促进中小企业对数据的利用。

除了政府积极采取的微观措施以外，日本企业也积极进行自主创新，谋求大数据技术相关服务的拓展。日本Gartne的调查报告指出，当前60%以上的企业都在积极考虑合理利用大数据技术。该报告同时预测2016年本国积极致力于大数据项目的企业数量将增加1倍。在日本活用大数据的企业中，NEC、日立制作所、富士通、NTT DATA都是比较有代表性的。NEC公司在利用其独自开发的脸部验证技术"Neo-Face"基础上，积极提供各种使用大数据分析服务，如"活用脸部验证技术营销服务"，以增加其企业营收；而日立制作所从2012年起向用户企业提供"Data Analytics Meister Service"服务，该服务中包含选定活用大数据实施方案等，日立制作所积极向用户企业提供适合该企业的系统分析方式及活用大数据的具体实施方案；富士通公司启动800人的"data 工 nitiative center"，积极利用数据中心和云计算服务优势拓展活用大数据的咨询服务；NTT DATA公司则集中企业内部各大数据业务关联部门成立专门"大数据商务推进室"，对用户企业实行蕴含协助企业挖掘商机等的一站式服务。

## 二、微观大数据企业政策及专有项目政策比较分析

美国大数据技术相关企业积极进行自主创新，政府主要是积极进行政府大数据公开共享以间接为本国大数据技术相关企业发展创造有利条件。英国政府除了进行政府设计公开共享以外，英国信息经济委员会和技术集群联盟积极提高各种融资方式可能性，帮助本国大数据技术相关企业吸引投资。日本微观方面则是政府措施与企业自主创新相结合，企业和政府两个方面共同促进微观大数据技术相关企业技术进步。综合美国、英国和日本的微观政策，政府积极进行大数据公开共享的行为为大数据应用企业创造了有利条件，为我国提供了借鉴经验。美国大数据技术发展水平较高，大数据技术相关企业众多；英国和日本的大数据技术发展水平也超过我国，大数据技术企业充满活力。保持大数据企业良好的活力有利于大数据技术企业进行技术创新。英国积极从政策角度为大数据企业发展营造良好的融资环境，帮助本国大数据技术相关企业吸引投资，也为我国大数据企业发展提供了宝贵经验。日本则加强了政府的主导，并将之与大数据企业技术创新相结合。我国与日本都属于政府主导下的市场经济发展模式，政府政策调控与鼓励大数据技术企业进行技术创新两手抓的政策也为我国大数据技术发展政策体系提供了借鉴。

# 第四章　大数据决策模式研究

## 第一节　基于大数据的图书馆读者决策采购模式

互联网技术的发展，要求图书采访实践不断汲取新理念，优化图书采访策略，提高采购质量。读者决策采购（PDA）是数字图书馆依托互联网环境，将用户需求转化为量化指标，以用户为中心的新型文献采购模式。PDA也称作用户驱动采购，是一种将读者作为图书采访决策主体，根据读者意愿设定采购触发机制，确定图书采购标准与参数的模式，它在一定程度上弥补了传统文献采访存在的不足，提高了馆藏建设质量。然而我国图书馆界有关PDA的实践较少，还需要解决采购标准不统一、流通数据处理不当、读者需求不明确等问题。大数据应用广泛的数据处理工具，与图书馆读者决策采购模式结合，能够优化采访决策制定流程，主动挖掘用户需求，保障图书采访的科学性，为图书馆资源组织体系的完善提供了机遇。互联网时代图书馆应用大数据技术，依托大数据辅助制定采访决策，能够更好地满足读者需求。

## 一、图书馆读者决策采购模式现状分析

图书馆文献采访工作，经历了由现场采购、专家选书到读者决策采购的变化过程，每一种模式的应用都与当时的馆藏实际和技术水平相对应。目前有关国外图书馆的读者决策采购模式的理论研究和实践较多，但我国图书馆界对这一采购模式进行的理论研究较少，应用实践还处于初步探索阶段。

### （一）理论研究现状

2010年，美国大学与研究图书馆协会（ACRL）在《学术图书馆的十大趋势》中提到了"客户驱动采访"的概念，由此拉开了PDA研究的序幕。2011年，张甲和胡小菁结合美国案例发表了国内首篇系统阐述PDA模式的论文，并将PDA界定为图书馆一种新型的采购模式。2014年，我国对PDA模式的研究达到了高峰，这几年热度虽然有所回落，但依然是我国图书馆界研究的热点问题。

PDA的研究内容主要包括以下几个方面：（1）PDA模式的内涵、特点。这一部分的

研究主要以综述和述评的形式体现。王芙蓉特别从大数据的角度对 PDA 模式进行了分析，并提出了行为分析模型和读者决策文献资源采购模型的实现过程。（2）PDA 模式的实施形式研究。唐吉深指出，国外 PDA 模式的实施形式可分为图书馆联机目录（OPAC）触发型、馆际互借触发型、网络书店触发型三种。吴锦荣在此基础上提出 PDA 模式的实施形式应该有五种，分别是自制书目 PDA 采购、征订书目 PDA 采购、PDA 采购、PDA 借阅和 PDA 访问。（3）PDA 模式的实施路径研究。研究者认为，以网上荐购为接入点、分阶段实施、服务平台的搭建、付费和预算管理、风险控制等是 PDA 模式实施路径中的重要环节。（4）PDA 案例的研究。美国是 PDA 模式研究的主要阵地，除此以外，还有研究者以德国、加拿大等国家的图书馆为例进行了 PDA 模式的研究。

### （二）实践应用现状

1990 年，PDA 模式的雏形在巴克内尔大学（Bucknell University）图书馆出现，它的初衷是解决馆际互借服务中的实际问题。21 世纪初，Web2.0 的出现让 PDA 模式在美国大学图书馆中得到了广泛的应用和推广。2010 年以后，PDA 模式逐渐渗透到威廉玛丽学院、威尔斯利女子学院等中小型学术图书馆中。相关调查结果显示，目前美国最少有 42 家图书馆已经开展了 PDA 服务，最典型的案例包括杨百翰大学图书馆、普渡大学图书馆、伊利诺伊大学香槟分校图书馆、加利福尼亚州立大学的波拉克图书馆、丹佛大学图书馆、杜克大学图书馆、爱荷华大学图书馆等。除了美国以外，全世界还有 600 多家图书馆采用了 PDA 的服务模式。

在国外 PDA 热潮的推动下，我国也进行了一系列的探索。2011 年，佛山市图书馆首次设立了"新书借阅处"，开展纸质图书的 PDA 服务，成了我国 PDA 实践中的开创性案例。同年，香港中文大学图书馆开展了电子图书的 PDA 服务。2012 年，台湾学术电子书暨资料库联盟开设了西文电子书的 PDA 项目试点。2015 年，中国社会科学院图书馆引入了外文电子书 PDA 服务。除此以外，厦门大学图书馆、南开大学图书馆、香港科技大学等更实施了长达一年以上的 PDA 项目试点。虽然国内目前还没有出现真正意义上的 PDA 实践模式，但在电子图书和纸质图书的 PDA 实践中已经进行了具有中国特色的创新性探索。

## 二、大数据在图书馆读者决策采购模式中的作用

在大数据时代，图书馆的馆藏建设应基于大数据思维进行相关数据采集、过滤与价值挖掘，以此预测用户的阅读偏好与需求，为文献采购提供技术支持，推动读者采购决策模式深入发展。

## （一）应用大数据技术采集各类数据源

互联网时代，图书馆大数据不仅来源于馆藏业务数据，还来源于自动化系统生成的流通日志、用户行为数据等。其中，读者在利用各类信息工具对馆藏资源进行检索过程中产生的非结构化数据，是分析用户行为、改进服务的有效依据。大数据种类繁多、体量庞大，蕴藏着巨大的价值。随着互联网技术的发展，数字化出版、移动阅读成为主流，个人不仅是信息的接收者，也是信息的生产、传播者。更多的用户参与到信息利用周期中，也产生了大量有用的数据。图书馆在文献资源建设中，可在跨部门、跨系统的协调下，对不同来源数据进行采集挖掘分析，发现其中的应用价值，以满足读者个性化需求。

## （二）大数据为 PDA 提供技术支持

PDA 作为新型文献采访方式，它的推行需要确保所获取读者需求的准确性，解决数据兼容问题，保障不同系统之间的有效衔接。大数据技术的应用，为图书馆主动获取有用数据，全面分析读者阅读需求、兴趣爱好，制定合理的文献采访决策提供了支持。大数据突破了不同系统、不同机构之间的限制，让图书馆能够更为准确、及时地掌握不同学科的资源利用情况，优化文献采访配置，重构文献采访模式。它为 PDA 提供了精准的数据来源，保障采访决策符合读者意愿，且不背离馆藏建设初衷，从根本上解决了采购资源利用率低、信息滞后等问题。

## （三）大数据推动 PDA 模式发展

通过大数据技术对用户数据进行深入挖掘，全面分析、预测用户需求变化趋势，是优化读者决策采购服务的有力途径。随着图书馆的广泛开展与出版社、社交网站、书商、通讯服务商等的跨界合作，通过大数据技术将获取更多数据来源，掌握更多有价值的信息，更广泛地将图书馆服务融合在信息需求中。此外，大数据技术的引入，将读者需求变为可以量化的指标，提高了 PDA 服务效率，也为文献采购的系统、科学性提供了保障。

# 三、基于大数据的读者需求分析流程

## （一）数据预处理

图书馆在实施读者决策采购前，可对各项数据进行全方位采集，从多个异构系统中捕捉相关信息，保障不同数据库中数据采集端的均衡分布，并将采集的信息导入图书馆自动化系统中。由于采集的初始数据存在大量噪声，或者部分数据存在缺损，需要图书馆员对原始数据进行预处理，通过数据清洗、过滤、分析与加工，保障所获取数据的质量。在数据预处理中，应依托数据分析软件对所获取数据进行统一处理，剔除其中的异常数据，及时填补缺漏，保障数据格式的一致性，并对来源不同的数据进行格式转换，使其适应图书馆系统，而对重复数据进行合并或精简，保障关键数据的完整性、有序性。

## （二）数据统计分析

图书馆对采集的各类数据进行数据预处理之后，需要再利用 Map Reduce 等数据统计分析软件，对这些数据进行综合分析与分类汇总。首先需要将大量数据输入多个存储文件夹中，然后依据不同数据的特征，对这些数据进行归纳整合，从中发现不同数据之间存在的规律。如根据读者需求，通过 Map Reduce 分析不同读者群体之间是否存在联系，分析不同读者需求数据的特征，在归纳的基础上发现数据之间的关联与规律，并将最后的结果导入自动化系统。在整合、统计与归纳分析的过程中，馆员可以掌握读者对不同类型文献的偏好，或根据馆藏图书借阅数据，在对借阅信息进行聚类分析的基础上，了解不同层次用户的阅读倾向，也可以发现不同时间段图书的流通情况。

## （三）读者需求预测

图书馆用户访问 PDA 系统，如在检索馆藏资源、提出请求、查询信息等过程中，会留下历史记录，这些数据都为预测分析读者需求提供了依据。图书馆需要进行采集处理、深入挖掘，从中发现读者的隐含需求，实时掌握读者需求的变化情况。为了更好地满足读者需求，保障读者决策采购符合馆藏资源建设大方向，图书馆可以设计读者行为分析模型，从文献采购与读者需求两个层面，进行大数据分析处理，以发现文献内容与读者需求之间的联系，最终获得反映读者需求偏好的结果，为 PDA 系统提供可靠的决策支持，保障读者实际需求与读者决策采购的一致性。

# 四、基于大数据的图书馆读者决策采购模式构建

图书馆 PDA 的实施并非一蹴而就，而是需要在实践中不断改进与完善。对大数据技术的应用，不仅体现在数据分析处理方面，也需要图书馆在 PDA 实施的不同阶段，把握大数据的开放性、关联性、动态性特征与采访决策制定、过程监控与效果评估的有效结合，保障数据利用的系统、准确、可靠，促进 PDA 流程的持续优化。

## （一）采访决策制定阶段

图书馆文献采访决策的制定，是结合读者需求数据统计分析的结果，综合考虑馆藏建设规划、经费投入等诸多因素，它关系到 PDA 实施的最终效果，也体现了图书馆的服务水平。在这个阶段，图书馆员有必要设计合理的文献采购标准，明确不同文献的采购要求、价格区间等，并通过与供应商协同沟通，选择适宜的合作者。馆员应该认识到，面对读者日益丰富的需求，对采访决策的制定，不应该仅凭个人经验，还需要依托大数据技术，在采集分析多项数据的基础上，对供应商资质进行评价，设定合理的文献采购参数。同时馆员需要根据馆藏特色，确定重点采购对象，引导读者发现并借阅优质馆藏资源，提高文献利用效率，凸显自身的核心竞争力。

### (二)PDA 过程监控阶段

PDA 的实施过程涉及多个主体,本身就是图书馆、读者与书商之间的博弈。书商提供的图书质量与服务水平、图书馆对读者需求的掌握、数据处理的及时性等,都影响到最终的服务效果。很多图书馆由于协调不力、经费不足等因素,不得不终止 PDA 项目或调整方案。因此,要做好 PDA 实施阶段的数据监控工作,对数据进行高效管理,根据大数据分析结果及时解决问题,调整 PDA 参数,跟踪分析文献流通量、借阅率等指标,避免采购经费透支,维持各项工作的有序性。例如,黑龙江大学图书馆在 PDA 实施阶段,借助金盘管理系统统计分析读者预约数据,制作预约热点图书目录。在对比馆藏数据的基础上,确定文献采购数量,保障采购决策的合理性,并通过数据监控及时补充馆藏不足,强化了文献保障能力。

### (三)PDA 效果评估阶段

图书馆借助大数据分析,可综合评估 PDA 实施效果,发现服务中存在的问题,为后续业务的实施提供参考,进一步完善读者决策采购方案,提高读者决策采购服务效益。例如,2016 年杭州图书馆推出"悦读"服务计划,读者借助专用 APP 在线挑选图书,并到购书中心办理借阅手续,由图书馆支付费用,形成先阅读后馆藏的 PDA 模式。这是国内图书馆对 PDA 的有益尝试,是对纸本文献 PDA 的前期实践,取得了较好的效果。为保障 PDA 实施的持续性,该馆尝试构建效果跟踪评价机制,借助大数据技术分析 PDA 运行中存在的问题,根据分析结果改进服务流程,建立适应本馆实际的、成熟的 PDA 服务模式。

读者决策采购是图书馆采访工作革新的一大亮点,贯彻了以人为本的思想,是传统采购模式的有效补充。目前,国内对 PDA 的研究处于起步阶段,实践项目不多,还存在很大的提升空间。大数据对图书馆服务产生了深远影响,它与读者决策采购模式结合,通过对海量数据的归类、分析与价值挖掘,为图书馆制定采访决策提供了依据,保障了采访服务的针对性与高效性。大数据技术的信息挖掘整合能力打破了不同机构的信息壁垒,也为图书馆与出版社等机构的跨界合作提供了条件,将进一步推动读者决策采购服务范围的拓展。

# 第二节　基于大数据的公共决策模式

随着大数据时代的到来,人类社会的数据种类和规模正在飞速增长,并将革命性地影响公共决策模式的创新。大数据处理如同神经元之间同时相互作用的高度非线性动态过程一样,具有自适应、自组织、自学习能力。基于大数据技术的"DW 神经系统型"

公共决策模式，将摆脱传统的"随机抽样"和从因果关系出发的研究范式，通过"全样本分析"和"相关性分析"等方法获得惊人的智慧，并被运用到公共决策的诸多领域。大数据有利于政府与公众多元参与决策，有利于决策精准化，有利于相关性预知，有利于提供孤立点分析。未来要更加重视大数据技术的研究和应用，以数据为基础重塑公共决策机制，积极培养专业人才，并做好数据安全工作。

近年来，随着移动互联网、物联网、云计算的广泛应用，人类社会的数据种类和规模正以指数级的速度增长。这些数据的计量单位已经远远超过 GB 和 TB，开始以 PB、EB 甚至 ZB 来衡量，数据逐渐转变成一种具有价值的资源，大数据的概念声名鹊起，并被广泛运用到了公共决策的诸多领域，如精准管理、公共服务和危机预警等。大数据所积蓄的价值将革命性地影响公共决策模式的创新，并掀起一场政府决策思维的变革。特别是我国"十三五"期间将大力实施国家大数据战略和"互联网＋"行动计划，促进互联网数据与经济社会融合发展，这将有助于促进政务信息资源开发利用，提高政府决策的科学化水平。大数据时代的到来，将再次印证一条规律，即新技术的出现总是能够驱动新的公共决策模式随之不断发展与进步。如何准确把握新态势、快速应对新变化、正确采取新措施，正是当下政府和社会公众共同需要认真思考的问题。

# 一、大数据时代下的公共决策模式探究

大数据通常指无法在可容忍时间内利用经典软件工具来获取和处理的数据集。从定量方面可以认为，大数据是涉及多种数据形式并超过 PB 级的实时数据流。从定性方面看，大数据拥有数据体量大（Volume）、数据类型多（Variety）、处理速度快（Velocity）、价值密度低（Value）等特性。这些特性为公共决策领域的研究带来了前所未有的全新视角和理念，并为决策模式的创新提供了重要理论及技术支撑。正如黄璜等学者于 2015 年在《大数据与公共政策研究：概念、关系与视角》中提出的那样，大数据正在与决策制定的智能化融为一体。

## （一）公共决策模式的发展变迁

公共决策是指在特定的制度环境下，公共组织运用一定的决策程序来管理社会公共事务，并做出相应决定。公共决策模式需要多元主体共同参与，决策系统内部要素高度协同，自发地促进公共决策效能得以最大化地发挥。政府对公共决策模式的选择，直接关系到政府治理功能的定位以及政府参与公共治理的程度和方法。

回溯公共决策模式的变迁历程可以发现，人类获取和分析信息的技术是导致决策模式变迁的重要因素。在经验管理决策时代，由于收集和分析信息的技术匮乏，政府主要凭借经验判断进行决策。经验决策模式始于 18 世纪末，包括获取经验以及挑取适当的经验用来解决新环境中的新问题。这一时期的管理决策深受小生产模式的束缚影响，到了 19 世纪末已经不能满足生产力发展的需求，因而开始逐步过渡到科学管理决策阶段。

科学管理决策模式于 1911 年由泰勒（Taylor）在《科学管理原理》一书中提出，其重要主张是通过调查研究以及获得的科学知识来取代个人的经验判断。在科学管理时代，因为统计技术的发展，政府可以利用统计分析的结果作为决策的判断基础。科学管理决策模式较好地解决了单个工作的效能问题，但很难解决一个整体如何决策的问题。

当前的大数据时代，政府、企业、社会组织、个人等几乎都在制造数据，构成了一个相互关联的巨大的数据群，渗透在决策的方方面面，对传统的经验管理决策模式和科学管理决策模式提出了前所未有的挑战，当前急需一种新的范式来满足大数据下的管理决策需求。2007 年图灵奖获得者吉姆·格雷（Jim Gray）指出，数据密集型科学正在从计算科学中分离出来，成为科学研究的第四范式。第一种范式是以逻辑分析为代表的理论研究，属于定性研究；第二种范式是以实验为代表的经验研究，属于定量研究；第三种范式是以模型为代表的计算机算法研究，属于仿真研究。与传统的三种范式不同，第四种范式可以处理和某个现象相关的几乎全部数据，即"样本等于总体"，不必仅限于随机抽样，并且不再痴迷于关注数据的精准度，而是变成关注分析数据的相关性，打破了从因果关系出发的研究范式，为科学决策提供了支撑，使新的决策模式研究成为可能。2011 年，马丁·克鲁贝克（Martin Klubeck）在《量化：大数据时代的企业管理》一书中探讨了海量数据对管理和决策的特殊作用。2012 年，涂子沛在《大数据：正在到来的数据革命》一书中，阐述了数据创新给政府决策、社会管理带来的巨大变革。

## （二）传统决策模式存在的问题

由于公共决策所涉及对象的广泛性和决策者组成的特殊性，其决策模式种类多样。传统的公共决策模式大致有以下三种：一是依靠决策者具有的分析问题和理性判断能力进行决策的"官僚型"模式。这个模式需要决策者拥有决策过程中可靠的组织信息、专业技能和制定决策的权威，但这种模式使决策者容易受到个人主观见解的误导。二是通过"合意"的过程来平衡多方群体利益的"民主型"模式。这个模式的决策参与者由不同个体和群体组成，他们代表不同的利益，虽然在决策初期可能主张不同，但通过求同存异的过程，最终形成共识。这种模式可能会代表大部分群体的利益，但很难达到最优的决策，且效率低下。三是通过数据抽样，运用数学统计等分析方法得出结论进行决策的"计算型"模式。这种模式有规范的调研过程，可以做到有据可依的决策，但终究是小数据采样，采样数据的广泛性和代表性很难达到要求，所以结论有时会事与愿违。这些模式的共同缺点是缺乏合理、智慧的决策依据，决策方法仍然属于"有限理性"的范畴。

## （三）大数据时代下的"DW 神经系统型"决策模式

为了摆脱公共决策中"有限理性"的束缚，人们开始对数据进行研究，努力寻求数据中隐藏的价值，在管理者决策时赋予其智慧。1948 年，美国"研究与发展"项目成立非营利的咨询机构，成了最早利用数据分析为政府决策提供服务的部门。1965 年，IBM 公司的 360 计算机开启了管理信息系统建设的大门。由于计算机和网络技术大大降低了"数据"的成本，数据成为决策者突破"有限理性"决策的助推剂。20 世纪 80 年代，拉塞尔·阿克夫（Russell Ackoff）提出了"数据—信息—知识—智慧"（Data—Information—Knowledge—Wisdom）的"金字塔"模型。数据居于"金字塔"底部，是人们对研究对象收集的有关资料，信息是对收集的数据资料进行整合分析得到的结果，知识是对信息进行加工转换得到的产品，智慧是依据知识实施公共决策或掌控某一机制运作的能力。"DIKW 金字塔"模型较好地阐释了数据时代（主要指小数据时代）"数据驱动决策"的理念。但是面对 PB 级规模的大数据时，传统的一些假设或因果逻辑将变得不再必要，因果关系隐藏在整个系统当中，现在的"因"可能就是以前的"果"，别处的"果"也可能就是此处的"因"。因果逻辑成了一种相互纠缠的相关性，因此只要有产生相关性的数据，就能发现意想不到的新规律。

大数据的"全样本分析"和"相关性分析"等特性将摆脱传统的"随机抽样调查"和"因果逻辑关系"，并突破"DIKW 金字塔"模型。因为当抽样数据趋近于研究对象的全部数据时，数据间的相互关联将揭示出很多重要规律，这些规律可以让人们忽略数据间的因果逻辑性，不必再去追寻"为什么"的理论，而是根据数据的"相互纠缠关系"直接获取"是什么"的智慧。当然也不必理会数据中是否掺杂着精确度不高的数据，因为这些数据很有可能通过"孤立点分析"，揭示出其他更有价值规律。

大数据类似于人工神经元系统，虽然单个神经元的功能简单，但大量神经元构成的网络系统却具有巨大的功能。这种思维方式的根本点在于：数据像神经元分布一样遍布在网络上，巨量数据处理单元互联而组成了一种非线性、自适应信息处理系统。大数据处理如同神经元之间同时相互作用的高度非线性动态过程一样。大数据系统具有自适应、自组织、自学习能力，可以通过非常细微的跟踪把握目标数据及个体数据的活动痕迹，经过相关性分析、孤立点分析等方法获得惊人的智慧。同时这些获得的智慧也将会变成新的数据，并与其他数据一起产生新的智慧。正因为大数据如同神经元系统一样具有分布式信息存储、大规模并行协同处理等特点，我们提出了"数据—智慧"（Data—Wisdom）的"神经系统"模型，并且认为"DIKW 金字塔"模型将向"DW 神经系统"模型转变。

"DW 神经系统"模型以大数据系统为支撑，可以为决策者补充他们认知经验所缺乏的智慧。这是决策者通过相关数据分析所得到的信息和证据为依据制定决策的一种模式，其运行机制为：第一步是确定决策目标和待解决的相关问题。第二步是整合相关数据。围绕问题目标，广泛收集结构化及非结构化数据，实现无序数据向关联化转变，建立统一格式的大数据库。第三步是进行数据分析，将数据的处理和分析过程以及分析结果与决策问题的背景联系起来，实现隐性数据向显性化转变。第四步是反馈展示信息。数据分析完成后，需要向决策者汇报信息、解释结果，判断是否满足决策目标，若不满足，则重新整合、分析数据，直至满足决策目标。第五步是决策。在大数据信息分析得出结论之后，决策者将做出科学决策。基于大数据技术的"DW 神经系统型"模式有助于减少"官僚型"模式中以决策者主观见解为主导致的谬误，打消"民主型"模式中决策者权衡个体利益的顾虑，去除"计算型"模式中采样、统计的技术局限，促使公共决策模式形成一种"数据—智慧"的新型关系。

## 二、大数据在公共决策中的应用及面临的问题

正如维克托·迈尔·舍恩伯格（Viktor Mayer Schönberger）在《大数据时代》一书中描述的那样，大数据正在被广泛应用于政府、社会和公众之中，并将引发一场巨大的管理变革。随着管理思维变革的不断深入，大数据在公共决策中的应用更加广泛，并对公共决策模式的创新起到了积极的促进作用。

### （一）大数据在公共决策中应用广泛

第一，大数据有利于政府公众多元参与决策。在大数据时代，微博、微信、搜索平台等社交媒体产生海量的交互数据，拥有最广范围覆盖、开放共享和双向交互等特性，畅通了公众、社会组织表达民意以及参政议政的渠道，促进了政府整合企业、民间机构、社会组织、民众及意见领袖等多元主体参与决策。例如 2011 年庆阳市正宁县幼儿园校车被撞后，公众在部门问责、事故调查、责任认定等多个方面进行网络声讨，对政府《校车安全管理条例》的出台起到了积极的作用。

第二，大数据可以提供更加精准化的决策。通过大数据分析的往往是全样本数据，反映目标群体活动痕迹的数据本身就蕴藏着巨大的价值，决策者可以通过分析这些活动痕迹，进行精准化预测。例如当当网利用大数据技术，通过分析读者消费记录，做出相应的精准荐书的决策；医院卫生部门可以收集病人在各医院的就医数据，建立数据库，帮助医生实现诊疗精细决策，提高医疗质量；交通部门可以建设综合信息平台，集成出租车 GPS 系统、道路传感网络、视频监控采集等系统，用以分析交通状况，增强交通管控的准确性和时效性。

第三，大数据具有相关性预知的决策功能。大数据通过对行为数据、物理数据等的分析，可以找出数据之间纠缠的关联关系，然后利用这些关系找到事物发展的规律，进

而预测未来。大数据的相互关系也许很难让我们明白为什么会发生某个事件，但却能很直白地告诉我们这个事件已经或正在发生。例如我们在通过网站预订机票时，只需了解票价涨跌的趋势和时间的关系，即可做出最有利的订票决定，而不需要探究是什么因素导致了这种变化。同样，政府可以通过百度等搜索平台，分析出企业景气指数，作为国家调控经济的重要参考。

第四，大数据可以为公共决策提供孤立点分析。孤立点分析就是在大数据的集合中找出明显异变的离群数据，通过分析获得的意外规律往往置信度很高。在公共危机管理决策中，大数据可以汇集几乎全部可能引发危机的内、外部数据，然后从中找出与正常值有明显差别的孤立数据，最后通过数据的关联应用和历史学习等方法对危机做出预测和决策。例如对信用卡诈骗进行分析时，通过孤立点分析可以发现欺诈行为与正常行为之间的显著不同，从而对各种诈骗行为的预警和防范提供决策支持。检察机关可以对政府官员的房产登记、银行收支、消费记录等数据的异常动态进行监控，查处贪污腐败。

### （二）基于大数据的公共决策面临的问题

尽管大数据意味着大机遇，数据成了与资金、专家等同等重要的竞争力，但同时也面临着技术、政策、人才等方面的大挑战，主要表现在四个方面：

第一，决策主体认识存在偏差。大数据时代，决策主体正从各领域精英转向社会民众。由于自媒体的出现以及社交网络的普及，社会公众意愿的表达成为公共决策的中坚力量，政府部门应当把来自社会公众的数据转变成一种基础资源，进行专业的整合和分析，并作为公共决策的重要依据和支撑。而目前大多数的管理者仍旧把以专业人士为代表的业内精英作为决策的主体，并没有将重心转移到社会公众，这就造成了决策效能的低下。

第二，数据来源及其应用技术水平存在问题。首先，各级政府及社会机构的信息系统相互独立，海量的数据储存在不同区域、部门的数据库中，每分析一次数据都要多方面、多层级地进行收集，并且政府与企业、社会机构的数据整合渠道不畅，很难达到"全数据"的处理要求；其次，有效的决策过程往往需要与用户多次交互，目前的数据分析很少能让用户真正通过交互过程参与其中；最后，政府众多数据库中大多是操作型数据，对这些非结构型数据分析非常困难，而且由于各级政府部门软件升级、系统维护的不统一，导致对现有的数据分析预测难上加难。

第三，大数据专业人才缺乏。大数据兴起时间不长，专业人才相对较少。尤其在公共决策领域，大多数人员只是掌握了一些诸如统计、采样等基本分析技术，因而在对海量的非结构数据进行快速挖掘和处理时往往捉襟见肘。另外大数据技术涉及统计学、计算机科学、管理学、社会学等多个学科，能同时精通多学科领域的复合型人才更是严重缺乏。

第四，数据保护能力不强。大数据时代，个人隐私很容易在不经意间通过网络泄露。随着社交网络、电子商务的兴起，个人的生日、住址、银行账号等信息经常在网络上输入和运用，不法分子将相关数据整合分析后，很容易使个人的隐私数据暴露。另外，在技术对垒中，由于技术落后导致的数据单向透明，很可能给集体甚至国家带来安全隐患。例如2012年美国知名B2C网站Zappos2400万用户的电子邮件和密码等信息被窃取；2013年的棱镜门事件暴露出多国政府部门及个人信息被美国监听等等。

## 三、应用大数据促进公共决策模式创新的建议

我国政府已把大数据作为重要的战略布局方向，早在2012年便由广东省率先试水提出了《广东省实施大数据战略工作方案》，2015年8月，国务院也正式印发了《促进大数据发展行动纲要》。如何使大数据技术更好地在公共决策中发挥作用，从而加快提升国家治理现代化水平，是摆在我们面前的一个急迫而重大的课题。

### （一）重视大数据技术的研究和应用

创新适应大数据时代要求的公共决策模式，必须从国家的层面重视大数据的发展，尤其需要从法规制定、机构组建、技术研究等方面给予积极的支持，启动大数据理论与应用研究计划，对大数据的"政产学研用"做出系统规划。转变决策思维模式，树立"数据思想"，需要政府部门与科技界、工商界以及社会公众共同努力，通过消除屏障、协同合作、成立联盟等途径，推动成立各级的组织机构，既为学术研究提供基本的数据资源和技术支撑，又为大数据提供应用和管理平台。

### （二）以数据为基础重塑公共决策机制

第一，利用大数据技术对巨大的政府、社会及大众的行为数据进行分析，实现巨量数据向智能化的转变；第二，加大数据开放力度，推动政府、社会多元合作治理，推进精准化决策和人本化的公共服务；第三，利用数据加强政府绩效考评，提升行政管理的效率，节省行政成本，提升政府效能；第四，加强大数据在舆情监测、应急预知、网络反贪等公共领域的应用，实现政府决策由事后补救转变为事前预警，用数据驱动科学决策，提升政府决策能力。

### （三）积极培养数据专业人才

大数据专业人才需要同时具有信息处理、统计管理、公共决策等综合知识，要通过政府、企业、科研院所组团探索大数据人才培养的机制和模式，鼓励高等院校谋划大数据学科建设，开设大数据理论知识方面的专业课程，引导高等院校与阿里巴巴、百度、腾讯等企业联合培养大数据应用方面的职业人才，为大数据人才的培养提供立体式平台。

### （四）保护大数据时代下的信息安全

在大数据环境中，公共决策所依托的数据库，要注重设置严密的访问限制，加快开发隐私管理工具，从技术上杜绝黑客的攻击。政府部门要加强立法，明确对私密信息的定性解释，使相关法律法规更加细化和可操作，为监管部门提供及时有效的监管依据。同时加大对国有大数据科技企业的支持力度，下更大力气推进国产数据处理芯片、操作平台、大型数据库管理系统等核心技术的研发与产业化，促进自主品牌大数据产业安全、快速、健康发展。

## 第三节　基于大数据的公共价值决策模式

公共价值理论建立在相互协作、对话的基础上，以提升信任度、有效利用社会资本以及促进治理绩效的提高为目标，因此，被认为是与治理理论最契合的概念体系。大数据技术为决策提供了智能高效的工具和手段，使决策更加科学化，但基于大数据进行公共决策并非一个轻而易举的行为，大数据技术带来的挑战与机遇相伴相生，由此给决策过程带来重大变化。鉴于大数据的公共价值决策支持是当前公共领域面临的重大课题，本节将以高等教育为例，探讨如何基于大数据进行公共价值决策。

### 一、理论基础

#### （一）公共价值理论

公共行政经历了从工具理性到价值理性的变迁，再到二者的结合。公共行政学中的工具理性取向主张"按照企业管理的原则与价值取向来对公共组织进行管理，试图通过科学化、技术化的管理来实现政府目标，效率中心、技术至上、价值中立是其核心内容""通过缜密的逻辑思维和精密的科学计算来实现效率或效用的最大化"是工具理性取向的目的。"价值理性注重信仰和理念，要求所追求的目标必须符合某种伦理道德或者人类内心深处的某些信念。"价值理性取向"强调公共服务的公平性，政府官员的回应性，民主行政、公民参与和社区自治等基本价值"。

传统公共行政理论和新公共管理理论是工具理性取向的代表。建立在政治与行政二分模式和官僚制基础上的传统公共行政，决策目标价值由政治团体负责，具体实施则由行政部门开展，割裂了政治与行政的关系，对现代社会的风险性和不确定性的回应能力着实堪忧。以"经济人"作为人性假设的新公共管理理论实践在应对福利国家所导致的政治管理、信任与财政危机方面取得了良好的绩效，但"经济人"意味着"追求自身利益和效用的最大化"。由此，公共行政的价值以"经济、效率、效能"最大化为本，弱化了公共行政所坚持的公平、正义等价值。

随着社会价值追求的多元化，传统公共行政和新公共管理理论单一，对效率、效益和经济目标的追求都将难以适应社会民主进程的发展。穆尔提出的公共价值管理理论将公共价值、行政工具和政治手段有机地结合起来，目标是创造公共价值。为实现公共价值创造，穆尔提出了公共价值创造战略三角，认为创造公共价值需要具备以下3个条件：①"公共价值理念"，指政府依据公共价值诉求确定组织的任务或目标，是公众对政府期望的集合，关注的是集体偏好；②"支持与合法性"，指创造公共价值过程中与外部授权环境进行互动，公共部门通过组织之间持续不断的对话争取政治及法律上的支持，确保公共部门在获得上级授权及公众支持的情况下实现既定目标；③"运作能力"，强调目标的实现依赖于组织内部运作和管理者执行力，战略管理者应该尽可能去说服增加、重新分配、部署资源，以保证公共价值理念能够实现。BOZEMAN将公共价值定义为一种规范性共识，认为公共价值包括以下3个方面：①应该赋予公民的权力、义务和利益；②公民对社会、国家的义务；③公民对政府和政策运行应该遵守的原则。王学军等分别从结果和过程的视角，将公共价值概念分为结果导向的公共价值和共识导向的公共价值，结果导向的定义将公共价值作为公共行政的目的而出现，强调价值是由"公共"来决定的。共识导向的公共价值以共识价值为基础，强调对公共行政合法性的强化和公共行政过程的约束。公共价值管理理论对大数据的公共决策启示在于：①公共决策要将公共价值理念纳入公共部门决策目标中，全面挖掘不同来源数据中各利益主体的公共价值偏好，从而确定公共价值决策目标；②建构多主体参与的大数据决策环境是大数据时代公共部门获取外部支持与合法性的重要途径；③组织为了提升内部运作能力，不仅要挖掘不同主体对改进组织运作管理的建议，同时也要搭建促进组织管理能力提升的平台。

## （二）大学治理理论

教育治理是指国家机关、社会组织、利益群体和公民个体，通过一定的制度安排进行合作互动，共同管理教育公共事务的过程。教育治理的价值目标是办成"好教育"，使教育领域公共利益最大。大学作为一个传授知识、培养人才、服务社会的公共组织，需要通过大学治理来实现其目标。虽然大学存在利益相关者之间的价值冲突，然而，其核心的价值"求知、探索未知、传承文化和文明并促进社会不断进步"是所有利益相关者都期望实现的共同价值目标。无论是由国家权力控制的大学，还是由市场机制主导的大学，都受到其外部因素和内部因素共同的制约。大学的发展是不断地与外部政治环境、经济环境、文化环境变化的动态协调，由此构成了我国大学组织的合法性基础。大学内部存在不同的利益代表，政治权利、行政权力、学术权利、学生权利、民主权力等在相互协调的过程中维持着大学的运行秩序，体现着大学的运作能力。大学的公共价值理念，外部授权环境和内部组织运作，构成了大学的公共价值战略三角，以此创造大学的公共价值。

## 二、基于大数据的公共价值决策

决策模式是人类行为模式中的一种特定模式，是决策者有规律的或反复出现的决策活动形式。对于决策模式，目前的文献并无一个统一解释。胡象明总结了该词汇被运用的实际情况，认为主要有两个方面的解释：①将决策模式解释为决策活动过程的基本步骤及其所用的方法；②将决策模式解释为主体的构成及其活动方式。在本研究中，基于大数据的公共价值决策模式通过系统内外部大数据信息环境获取公共价值理念，围绕该理念，组织机构利用大数据和其构建的信息环境获得外部支持与合法性，通过再造组织结构和流程，提升组织运作能力，进而创造新的公共价值。

### （一）基于大数据的大学治理公共价值决策流程

大数据的获取和规范处理，为大学公共价值决策奠定了基础。挖掘大学各利益群体的价值交集是确定决策目标的基础。具体体现在大学治理的决策流程中，要将决策主体的构成及其活动纳入决策，决策过程主要涵盖以下工作：①建立统一的高等教育数据治理模型并获得有效数据，完成高校大数据获取和处理。②对于可量化的结构化数据，通过统计分析能实现对决策问题现状的全面概览；对于无法量化的非结构化和半结构化数据，则要进一步进行编码和数据挖掘，并通过对公共价值的集结和冲突管理，形成公共价值理念。③构建多主体参与决策的环境以获得外部支持和内部运行能力的提升，决策的结果体现在一系列制度的设置，从而影响大学质量评估体系的制定和治理体系的构建。换言之，应在多方主体的参与中创造大学公共价值，提升大学治理能力和教育质量。

### （二）大学大数据治理分析框架

有研究机构认为，大数据是指需要新处理模式才能具有更强的决策力、洞察发现力和流程优化能力的海量、高增长率和多样化的信息资产；麦肯锡公司则认为，大数据是指无法在一定时间内用传统数据库软件工具对其内容进行采集、存储、管理和分析的数据集合。无论哪种定义，大数据有着共同的特征：数据体量巨大，数据类型复杂，具有时效性，价值密度低，处理方式多样化。在公共领域，公众偏好与诉求大数据的"结构化"和"关联性"研究是决策者面对的最大问题。

大数据给管理与决策领域带来的挑战之一是其价值具有高度的领域依赖性，即大数据的真正价值"隐喻"在不同的领域中，只有深入诠释其领域特点，才能实现大数据价值的深度开发与应用。为此，本研究提出公共领域大数据治理的概念。在宏观管理层面，指公共领域大数据治理的组织行为，涉及数据资源及应用过程中相关管控活动、绩效和风险管理；面向组织决策层，提出大数据治理的目标、任务、框架、顶层设计、环境等，明确决策层的作用和责任，为决策层规划和监督数据治理提供指引；面向组织管理层，对大数据治理涉及的核心治理领域提出明确的管理要求，为管理层实施数据治理提供指引，为决策层监督数据治理成效提供参考。在微观技术层面，指针对具体公共应用领域的数据生命周期中的管理和应用规则。在大学中，其大数据治理从本质上来说是对大学数据治理的组织行为，需要多元主体参与，进行有效的制度和技术管理使海量的数据为我所用，将数据作为一种优质资产，支持大学决策、改革和发展。从系统内部看，大数据包括在线学习系统数据、学生数据、课程数据、项目数据、学院数据和大学数据等多个层次；治理主体包括政府、社会、市场和大学，在以年度为周期的数据管理和应用中，数据需要进行获取和抽取、整合和分析、解释和预测。

### （三）大学数据的获取和处理

大数据问题具有粒度缩放、跨界关联和全局视图3个主要特征，这就要求采集不同层级间足够细粒度的数据，扩展边界获取和分析内外部数据以及对全局整体问题的把控。由此，基于大数据治理的思想，需要在顶层设计的基础上收集和管理公共领域的大数据，其中涉及两个方面的研究：①遵循领域内在逻辑和运行规律建立数据模型，将相互关联的主要数据项发掘出来，并建立数据标准，这是结构化数据发掘的前提。如果没有这项先导工作，便很难获得高质量的数据。②针对该领域公众偏好，通过线上线下途径，采用技术方法将相关数据爬取出来。这些数据通常是非结构化的，以多种媒体的形式体现出来，需要采用技术工具使之逐渐结构化或半结构化；如果没有这项后续工作，将会丢掉海量、高增长率和多样化的信息资产。非结构化数据的"爬取"要以结构化数据为指针，在此基础上，建立数据仓库对公共领域的结构化数据、半结构化数据和非结构化数据进行信息化管理，以实现更强的决策力、洞察发现力。

1. 结构化大数据

在大学中，对质量进行常态检测需要建立教学状态数据库，如何用结构化数据项来描述教学状态，是首先要解决的问题。本研究提出一种基于教学状态的多目标属性确认方法，通过对高校教学状态总目标的逐层分解，最后形成教学状态数据指标体系。具体而言，将教学状态总目标分为学校基本信息、学校基本条件、教职工信息、学科专业、人才培养、学生信息、教学管理与质量监控7个子目标；然后，将这7个子目标继续分解为88个下层子目标，但下层子目标仍然难以用数据描述；最后，将下层子目标细分为可以直接度量或描述的726个属性，由此构成7类信息、88个数据实体、726个数据项的数据库指标层次结构。为获得高教界对教学状态数据指标体系的充分认可，本研究遵循多元主体协同构建统一教育数据模型的思想，依照德尔菲法征求百余位高校领导和教务处长等专家的意见，这些专家共同构成指标体系的多元决策群体，伴随指标体系研制的全过程。

数据库系统开发后，通过采集全国高校教学状态相关信息，获得了大量规范的结构化数据。这些数据通过统计分析技术对其进行多维度的计算，形成了高校教学状态分析报告，是评估大学本科教学质量状态的重要文件。

2. 非结构化和半结构化数据

结构化数据主要反映的是决策问题的当前现实状态，可通过数据报送获得，是管理决策证据的主要来源。然而，王学军等指出"证据并非局限在可显示行为层面，更深层次的价值偏好等问题的研究也同样为公共管理者提供管理启示"。这种更深层次的价值偏好往往存在于文件等不易直接采集和处理的半结构化和非结构化媒体文件之中。半结构化数据以内部体例相同的文本为主，可采用质性分析、词频分析、语义分析得出结论。非结构化数据的挖掘和分析通常采用内容语义分析、归纳推演的路径得出结论。

全国高等教学基本状态数据库是本研究的主要成果，同时也是本研究数据的来源。依托高校"教学状态数据库"和评估管理信息系统，教育部高等教育教学评估中心和各省（自治区、直辖市）教育主管部门已完成对 280 所本科院校的教学工作合格评估和561 所本科院校的教学工作审核评估。同时，教育部使用全国高校教学状态大数据分析与决策支持系统分析院校核心数据，并编制《本科院校教学质量监测年度报告》，支持宏观决策。在大数据的处理中，难点在于对半结构化数据进行分析。在高校教学状态数据库中，半结构化数据通常以固定体例的文本为载体，围绕固定的主题展开，适合用质性分析方法进行处理。本研究运用扎根理论的方法，借助质性分析软件 NVivo 11 pro 对所有"双一流"建设高校的质量年报文本进行自下而上的 3 级编码，通过逐层归纳将不同的观点集结为几个抽象的概念范畴，得出影响本科教学质量保障有效性的五大要素，即目标决策要素、资源支持要素、运行管理要素、主体参与要素、产出保障要素，实现了大量半结构化数据向结构化数据的转换，同时也完成了高校问题表象向更深层次理论的转变，为进行公共价值的管理奠定基础。

大学质量监测离不开社会公众和教育专家对教育质量的评价和反馈，这些评价信息通常是非结构化数据。为快速大量获取外部非结构化数据，本研究采用一种两阶段（站点定位阶段和站内搜索阶段）的智能"爬取"技术，对"J 大学"的网络评价数据进行了"爬取"，与传统的"爬虫"技术比较，在领域站点收获的数量上有 50% 以上的提升，查询表单数量也有 27% 以上的提高。由于"爬取"的信息量是巨大的，而且这些信息并无规律和固定的结构，高频词分析是挖掘这种海量数据中公共价值的可行手段。由此，本研究从海量网页信息中收集有关"J 大学本科教学质量"数据，通过数据清洗、分类、汇总等处理，发现了社会公众与学校官方对本科教学质量的关注点差异性。本研究还利用全国高校教学工作评估管理信息系统数据，采用词频分析方法对 2012—2014 年 103

所新建本科院校教学评估的课堂问题专家反馈文本进行高频词挖掘，对高频词进行逐层归纳分析，揭示了高等本科院校合格评估的公共价值取向是促进高校回归育人和关注教学本身。从挖掘非结构和半结构化数据所集结的公共价值，最后转换为指导高校制定政策的制度，这种制度性文件指导评估体系的制定，为高校制定更加科学、合理和民主的教学改革决策提供了参考。

### （四）公众偏好的集结

从海量的数据中识别和确认公共价值理念是创造公共价值的前提，进一步明确公共价值理念的一致性和矛盾性是获取支持与合法性的必要条件。为此，需要借助大数据技术，识别核心公共价值理念，并对相互冲突的价值需求进行调解，进而将理论模型可操作化，在具体执行中实现公共价值的促生。那么，如何利用大数据去判断当前公共价值偏好趋势和意向，如何处理公共价值冲突？社会选择理论通过建立一系列模型（包括投票、偏好序、判断集或者福利函数等）分析决策结果，模型以个体的意见为输入，聚合之后的集体意见为输出。从决策的视角而言，社会选择理论认为社会选择是有价值导向的，其意义存在于集结的规则和过程本身，追求的是集结规则和过程本身公平合理。

在大学内部，不同利益群体对院系治理的价值取向不同，为了挖掘院系治理的公共价值，需要进行价值冲突管理来获取不同利益主体的公共价值交集。通过对多个院系的党政负责人、教授、学生及教学科研辅助人员进行细致访谈，运用扎根理论质性研究方法，通过3级编码探究，提出了研究型大学二级学院内部治理的影响因素："环境""目标""资源""结构"和"行动者"。研究发现，党政领导、教授治学、以学生为中心、民主管理为院系治理的核心价值，政治权力、行政权力、学术权力、学生权力以及民主权力代表了不同利益主体的公共价值诉求。为进一步分析不同群体的价值冲突，需要将各群体的价值取向在同一框架下进行多维度分析，比较同一维度中各方价值的冲突点和共同点，在多方价值交集的基础上探求公共价值的内容与衡量标准。为描述各群体独特的价值取向，本研究提出了亚公共价值的概念。亚公共价值是在公共价值语境下，属于与公共价值相关的某一主体或群体的集体价值诉求，是不同群体中个体偏好的集结，是公共机构所提出的公共价值的来源。在院系治理中面临的公共价值冲突主要来自院系学术委员会、二级教代会和党政联席会3方主体，因此，采用亚公共价值概念把3类主体各自的利益分解为三类亚公共价值。

院系学术委员会的亚公共价值主要体现为学术价值，具体子价值包括发展和建设学科、教授治学，以保障学术人员的利益，提高学术水平；二级教代会的亚公共价值主要体现为民主价值，着重于教师的民主权力，即民主参与、决策、管理与监督，保障和维护切身利益等子价值；党政联席会的亚公共价值诉求是政治价值和行政价值，以保证院校决策的方向性、可行性和高效性，确保国家教育方针和目的贯彻实施。通过亚公共价值明晰了 3 类利益主体的具体价值诉求，那么进一步通过两两分析去挖掘主体间的价值交集：院系学术委员会和二级教代会的共同公共价值在于保障教师发展和发展学术事业；二级教代会和党政联席会的公共价值交集是促进师生利益；院系学术委员会和党政联席会的公共价值交集是维护学术研究的伦理和道德规范。这三个利益群体的公共价值都是为了发展学术，服务学者。

### （五）公共价值创造

穆尔所提出的公共价值创造战略指出了公共价值创造所必需的三个条件。从目标与手段的关系而言，公共价值理念就是公共管理者所应实现的目标或肩负的使命，而支持与合法性、运作能力分别指向了政治管理与运作管理。换言之，公共管理者通过政治管理、运作管理来实现公共价值。在上述公共价值集结的基础上，对支持与合法性、运作能力予以分析：

1. 支持与合法性

支持与合法性又称为"授权环境"，是创造公共价值的合法之源，它指向外部环境。由此，需要进行政治管理来获取外部环境授权，获得政治支持和合法性。通常达成公共价值目标所需的资源和政策支持分散在多家机构和个体中，因此，为了达到这一目的，就需要发动松散的专家网络、利益团体、相关政府机构、立法机构和媒体等，共同努力来达成公共管理者的目标。

本研究中以电子决策剧场为支撑，利用大数据技术支持政治管理，提出了"多指标耦合的情境推演和多目标群决策综合集成评估技术"。多指标耦合的情境推演技术利用信息技术和可视化平台建立决策情境，提高了不同决策情境间动态关联及演化的鲁棒性；多目标群决策综合集成评估技术集合专家体系、计算机体系和知识体系，实现决策者、专家群体、利益相关方等多元主体协同工作，满足对多种决策方案从定性到定量的分析和仿真要求，通过网络或现场沟通、讨论和协商达成共识，实现可视化的决策管理。这既构建了民主决策的过程，又利于获取不同利益群体对决策目标的支持，也构建了决策过程的合法性基础。多目标群决策综合集成系统结构合法性在本系统中通过专家咨询的方法得到验证；同时，也利用知识库建设和文本分析进一步辅助验证。该技术应用于全国高校本科教学评估工作，研发了全国高校本科教学评估管理信息系统，并在近千所大学的教学评估工作中投入使用。

2. 运作能力

该能力指向达成价值目标的能力，公共管理者应当提高组织的能力以实现新目标，组织的运作能力强调的是公共管理者运用好组织内部资源，提高组织运作能力，实现公共价值。其中包括承担政治责任，重新设计组织结构，确定内部责任，获取更多的资源，开展创新活动并公知于众以寻求合作，再造基本运作程序。"全国高校教学基本状态数据库系统"和"全国高校本科教学评估管理信息系统",一方面,通过构建大数据的管理、决策和监督环境以再造教学工作评估流程,完善了高等教育质量监控体系,形成了我国高校"教学基本状态数据常态监测—教学工作评估—教学质量年度报告共识"的质量保障模式,减少了高等教育质量监测评估过程中的"应景之举";另一方面,通过系统自动生成的《高校教学基本状态数据分析报告》和《本科院校教学质量监测年度报告》,挖掘出有利于对大学运作能力改进的意见,促进大学办学水平的提升。

本研究从理论层面,探析了基于大数据的公共价值决策模式。该模式以创造"公共价值"作为决策的目标,将公共价值诉诸治理,强调多元主体参与决策过程,是对公共管理本质的回归。在公共价值创造过程中,引入亚公共价值概念分析公共价值冲突及其交集,构建了多元主体的参与合作机制。针对大学治理和质量提升问题,多元主体参与大学数据治理过程和教学状态指标的构建,以表达各方的利益诉求,体现公共价值理念。其次,面对大学不同利益主体之间的公共价值冲突,运用亚公共价值概念分析不同主体之间的公共价值交集,形成各方共识。最后,为了保障大学公共价值创造的支持性与合法性,通过多目标群决策综合集成系统,实现决策者、专家群体、相关利益方等多元主体协同工作。公共价值决策的结果代表了多元主体的公共利益,以此为依据指导管理制度和质量评估体系的制定,从而切实实现能体现大学价值的治理能力和办学水平的提升。

从实践层面来说,本研究通过探索在大学治理中应用大数据支持公共价值创造的决策实践,弥合了公共价值管理理论和实践之间的空缺。一方面,基于多元主体协同构建教育数据模型,建立全国高校教学基本状态数据库系统,采集和存储大量的结构化和半结构化数据,为大学公共决策提供了全览决策问题的基础,是保障科学和理性决策的前提;另一方面,为了集结公共价值,提出了针对不同类别的数据,采用不同的处理方式去管理和判断公共价值交集。此外,多目标群决策综合系统集成了大数据决策分析、知识库、专家库体系,保证了决策的科学性、有效性和公共性,也同时回应了如何实现"有效的"和"有价值"的决策这两个问题。

## 第四节　基于大数据分析的政府智慧决策新模式

最近几年来,随着行为记录数据化的普及和数据价值挖掘能力的提升,大数据在全球范围内受到热捧,大数据应用渗透到服务业、工业、农业等多个经济领域。但是,大数据蕴藏的巨大价值远未开发释放出来。多个国家将大数据定位为国家重要的基础性战略资源,并且上升为国家层面的发展战略,加大研究开发的支持力度,从发展经济、社会管理、民生服务、政府行政、国家安全等方面大力推进应用。澳大利亚联邦政府已经通过制定公共服务大数据战略推动公共行业服务改革。我国也提出利用互联网大数据资源通过关联分析和融合利用，掌握企业需求和经济运行信息，为经济监测、产业安全预测预警以及转变经济发展方式决策提供信息支持，改进事中、事后市场监管和公共服务。

大数据不仅仅是一种新技术、新方法、新应用，还可以成为政府智慧决策的新基石，催生出政府决策的新模式。缘由有三：其一，互联网时代，政府管理对象数据面临爆炸式的增长，传统的监测、管理、应对手段捉襟见肘，大数据分析就为这类对象的管理和服务提供有力的工具，否则就可能产生局面失控或者治理能力低下的风险。尤其在互联网治理的各大领域，没有大数据分析，很难开展有效的治理决策，甚至连管理对象的真实情况都难以摸清，相应的行政管理工作极其被动。其二，大数据驱动型决策是时代的新特征，各个领域或者各类活动的重大决策越来越依赖大数据分析提供全面、可靠、新颖的信息源，增强回应性和精准度。同时，数据驱动决策的典型案例也越来越多。其三，政府治理创新与大数据密不可分，新经济管理、新型政务服务和政府社会关系塑造都需要大数据分析的支持。在实际操作层面，一些部委和地方政府开始引入大数据分析支持经济监管、产业发展和重大政策制定，并取得了一些成效。但是，总体来看，大数据在政府决策方面如何发挥作用，如何支持管理者的有效决策，提高其洞察力、决断力和行动力，还有待深入探索。本节试图从利用大数据分析实现政府智慧决策的角度，结合我们近年来在地方开展的实践，总结提出大数据政府决策新模式，并在进一步的讨论中对一些常见问题和发展方向进行阐述。

## 一、大数据智慧决策新模式

一般而言，数据流与管理服务过程两者密不可分，反映了物流、人流和资金流的变化情况，是协同高效政府的基本特征。现代政府管理可看成是前台决策和后台数据分析的结合，大数据的应用价值由此体现为智慧决策。

通过解决双方信息不对称，实现政府智慧决策，是大数据决策新模式的基本思路。新模式的核心就是大数据分析技术和业务研判应对能力的完美结合。通过大数据归集、分析和应用，协助政府部门掌握网民公共需求与态度偏好，理解网民行为特征缘由，发现最新动向趋势，判断前期施政决策的实际效果，调整和优化公共政策，再造管理服务流程，提高政府的觉察、回应、治理能力。

大数据分析的智慧决策新模式，分为业务层和大数据层。业务层和大数据层相互支撑、相互配合，通过大数据应用技术和业务综合分析协同实现大数据智慧决策。业务层分为业务运行和网民表达、绩效判识、需求识别、特征洞察、供需失衡、优化再造六个流程，主要从业务角度进行分析解决问题，提出业务方案；大数据层则是从数据归集、大数据分析挖掘、辅助分析三个步骤进行展开，为业务分析提供技术支撑。大数据层的数据归集，实现业务层的业务运行数据和网民表达相关数据的集中采集。大数据分析挖掘为业务绩效判识和网民需求表达以及特征洞察提供技术实现，辅助分析则为业务与网民之间的供需失衡提供技术选择。

业务运行和网民表达既是业务层的第一步，也为数据归集提供数据来源。互联网时代，政府施政，分享公共信息，公众参与政府工作，通过多种网络渠道表达意见和诉求，这些业务运转和网民表达都会留下内容记录和活动痕迹，这些实时的数据流一同支撑起现代政府的有效运行。用于政府智慧决策的数据归集，不能仅仅是政府共享数据、政府开放数据、政府部门电子政务系统业务数据、政府自身掌握其他数据，还应涵盖能否反映网民、企业、其他机构行为和活动的社会数据，以及各类自然界监测采集数据和科学数据等，形成完整的政务大数据大集合。政府运转和经济社会运行所产生的大数据，可以比较真实和完整地刻画服务对象和管理机构的社会活动，相关数据需要返回到决策过程中，不能再像以前那样被单个业务部门或者企业主所垄断控制。服务过程蕴藏于业务大数据中，公众需求和情绪反应也隐藏在网民表达大数据中。

大数据泛指海量数据，就是相对于传统数据而言的大规模数据集。在数据归集操作中，用于政府决策的大数据规模到底多大，规模的边界如何选择和确定，将会直接影响智慧决策的质量。如果大数据选择不当，或者发生方向性错误，数据也会发生碎片化、孤立化、片断化。单一渠道、单一截面、单个流程的数据本身难以反映业务运转和社会问题的本质，大数据分析挖掘得出的决策结果有可能偏离实际轨道。政府要实现智慧决策，首先就是做好大数据的有效归集，实现不同渠道不同类型数据的有机集成。

业务层的需求识别、特征洞察和绩效判识，就是分析业务中存在的问题，判断现有政策的绩效，与大数据层的大数据分析挖掘紧密关联。通过网民表达数据的分析可以识别网民的公共需求，通过业务运行数据可以发现网民办事特征，通过分析网民情绪数据和办事监管业务数据可以判断政策绩效水平。大数据分析挖掘的实现手段有很多种，比较常用的有热度声量分析、分类聚类、主题提取、时间序列分析、回归分析、分层比较、情感情绪分析、异动离群点分析、趋势分析、关联模型、热力图、流程漏斗图等，在此不再一一展开说明。

大数据分析挖掘并不是一个单纯的计算机算法应用过程。其成败在于对相应业务层的理解和分析结果的运用，是否熟悉政府决策方向，是否精通业务知识体系，是否理解数据潜在价值，是否了解数据分析技术，能否确定数据集范围和边界，可否支撑起业务和数据的完美结合。政府决策分析方向的建立，对决策分析过程、数据选择、数据挖掘分析具有导向性作用。

业务层的供需失衡主要是对用户需求和政策绩效进行综合判断，发现现行政策施行的梗阻点和漏洞盲区，掌握社会公众新的公共需求和经济社会运行的实际情况。供需失衡依赖于大数据层的辅助分析，借助一些大数据可视化手段可以快速找到相关结论。

优化再造是以业务层得出供需失衡的具体结论为基础，提出新的综合解决方案。具体而言，就是调整之前出台的政策，组织新的信息内容，优化管理服务方式，填补相应的漏洞和盲区，再造业务流程，回应社会公众的需求。优化再造后的业务又重新进入业务运行体系为社会服务，相关的内容记录和行为痕迹又会形成大数据层新的数据归集，开启新的一轮政府智慧决策过程。

## 二、政府智慧决策新模式的应用

大数据决策新模式已经在我们的工作实践中得到了应用。以 2013 年某县发生的 7.0 级地震为例，我们持续七天对灾区省市县三级政府抗震救灾信息发布、互联网网民反映和应急信息管理过程进行分析，并为地方政府提供了智慧决策支持，多数分析结论和建议得到采用，取得了良好的社会效果。这次大数据智慧决策实践表明，应用大数据决策新模式可以总体把握重大地震等突发事件发生期间互联网信息供需双方的变化态势、政府部门的信息应对能力及优化调整方向，做到明察秋毫、科学决策、精准施政、赢取民心。

### （一）业务运行和网民表达

开展抗震救灾互联网应急信息服务，依靠大数据实现政府智慧决策，首先就是数据归集，掌握政府信息发布和网民表达的相关数据。政府门户网站是政府发布信息的主渠道，数据归集的重心放在受灾所在地省市县三级政府门户网站，政府部门在各个栏目发布的抗震救灾信息内容，以及震后网民的访问行为数据。其次，网民表达的网络主渠道还是微博等新媒体，新媒体与抗震救灾相关的数据也在数据归集范围之中。

数据归集的范围选择省政府门户网站、省会城市政府门户网站、灾区所在地市县两级政府门户网站的网页内容数据和用户行为数据，以及主要微博门户相关内容数据。数据归集的时间段为震后七日。据此，一共归集分析三级政府门户网站 1090586 人次用户访问量、2546728 条页面浏览记录和 271603 个站外搜索关键词的基础数据（不含微博数据）。

震后七日，灾区政府门户网站持续发布大量抗震救灾信息，在引导舆论、稳定人心、凝聚力量方面发挥了重要作用。省市县三级政府网站围绕抗震救灾工作，先后发布救援行动、领导动态、道路疏通工作、防震知识和余震情况等工作信息 1033 条，七天内的总访问量超过 100 万人次，网站相关页面浏览总量超过 254 万条。通过分类聚类分析，可以将抗震救灾信息大致归为八类：地质灾害情况、防震知识、气象情况、领导动态、余震情况、道路疏通工作、救灾物资统计、救援行动。

抗震救灾期间的政府信息发布也具有很强的规律性。以省政府门户网站为例，其发布的抗震救灾信息中，救援行动、领导动态、道路疏通工作、防震知识和余震情况方面的信息占了绝大部分的比重，信息发布的波段规律性明显。震后三天，领导动态信息发布处于高峰，道路疏通工作与救援行动信息发布在灾后的第三天到达一个顶点，并在灾后的第七天再次上升。第三天的道路疏通工作信息主要集中在道路故障、中断、抢修、畅通方面，第七天的道路疏通工作信息主要集中在道路复核、隐患排查、道路进一步恢复。道路疏通工作信息在灾后第二天明显上升，救援行动也随之上升。余震方面的信息在地震发生之后一直在持续不断地在发布，并在灾后的七天内保持平稳的变化趋势。

## （二）需求识别

识别网民需求有效可靠的方法就是站内站外用户搜索关键词的分析。用户搜索关键词最能反映用户的客观真实需求，不受政府部门已发布内容的影响。

抗震救灾七日期间，初步统计省市县三级政府门户网站的用户搜索关键词，与地震相关的搜索关键词达 26207 个。这些搜索关键词集中体现了震后网民的公共信息需求。经过主题提取之后发现，网民总体上对地震灾情、地震相关政府机构、地震相关政府领导、地震救灾捐赠工作、地震区域基本情况、地震科普知识、灾后重建、未来地震预警、震后生产生活恢复、震后祭奠悼念等十类信息的需求较大。

大数据分析表明，震后七日网民对抗震救灾信息的需求变化呈现明显的阶段性特征。根据各搜索关键词的搜索日期和访问人次绘制震后七日网民需求的变化趋势，从各搜索关键词的散点分布集中趋势中可以发现，震后七日政府门户网站的用户需求呈现明显的三阶段的特征。其中，第一阶段发生在震后两日。在此期间，用户主要搜索有关地震灾情、地震救灾捐助、地震发生地的相关政府机构以及政府领导的信息。第二阶段，用户开始关注灾后重建、地震科普知识等相关信息。第三阶段，第五日开始，新增未来地震预警、地震祈福、震后生产生活恢复以及祭奠悼念的信息需求。

抗震救灾期间，移动终端用户对政府网站的信息需求明显提升，信息需求有所差异。震后，访问省市县政府门户网站的移动终端用户比重明显升高，平均比例为 5.56%，比平时高出 1 倍。移动终端用户在上午 10 点和晚上 9 点左右出现两次集中访问的高峰。大数据分析发现，移动用户更倾向于关注灾后抢险与重建工作相关的信息。此外，一些外省移动终端用户关心灾区援建的相关信息。

## （三）绩效判识

地震发生后，政府主要领导和各相关部门纷纷发声，抗震救灾工作快速启动，省市县三级政府门户网站发布了大量抗震救灾信息，实际效果如何，是否得到网民的关注，或者说网民关注的信息有没有冷热之分。

大数据分析表明，地震发生后，网民对地方政府主要领导参与抗震救灾活动的信息极为关注。抗震救灾期间,某省政府门户网站以最快的速度发布省主要领导参与抗震救灾、亲临一线指挥的信息,受到网民的高度热捧。而且,新增加的用户来到省市县政府门户网站,都想要了解本地领导的更多信息。

页面热力图分析表明,政府门户网站首页发布的震情信息和领导人指挥救灾信息点击率相对较高。各政府门户网站首页是用户关注的重点,特别是分布在首页首屏的关于抗震救灾最近进展的新闻报道以及领导人参与抗震救灾活动的报道等信息,点击率相对集中,受到用户的高度关注。

### (四)特征洞察

通过大数据主题提取之后,再做分层分析和时间序列分析,可以发现多个显著的业务特征和技术特征。

其一,不同类型抗震救灾信息在省市县三级政府门户网站得到的关注程度具有较大的差异。抗震救灾期间,网民在省级政府门户网站上的主要关注点为领导动态、地质灾害情况、救援行动这三类政府公开信息,在省会城市政府门户网站关注救援行动、余震情况、气象情况这三类政府公开信息,在灾区所在地城市政府门户网站关注救灾物资统计政府公开信息。此外,网民还关注受灾县政府门户网站的领导动态、地质灾害、救援行动这三类政府公开信息,总的趋势是:越往基层,网民关注领导动态政府公开信息越少。

其二,重大地震发生之后,政府网站首页、地震类专题和灾区政府网站链接受到高度关注。数据分析发现,地震发生后省级政府门户网站首页首屏的点击量占首页所有点击量的57%,比此前一周有较大幅度的提升,通过首页直接进入地震专题专栏的人次占首页所有点击量的3.86%。省政府门户网站页面的灾区政府门户网站链接的点击量迅速提升,相对前一周提升了9.2倍。受灾的各区县中,受灾较重的县市的新闻信息,网民点击量较高,反映出公众对于重灾区的抗震救灾工作的极大关注。

其三,通过政务微博等新媒体获取政府网站相关抗震救灾信息成为网民重要访问渠道。以市级政府门户网站为例,从腾讯、新浪等微博来到政府网站查看灾情和救援相关信息的用户中,政务微博用户和主流媒体微博用户是第一大微博用户来源,占比超过90%。具体来看,微博用户是通过参与微话题、微搜索等方式来到政府网站相关页面。政务微博与政府网站的互动关系还有待提高,如互链导航引流、协同回应微博负面言论等。

### (五)供需失衡分析

通过政府发布信息的绩效判识和用户需求识别的比对,结合大数据辅助分析,可以发现政府公共信息供给的盲区及潜在的政策响应点。

大数据分析表明，省政府网站尽管发布了大量与地震相关的页面信息，但主要集中在政府自身的救灾工作和领导抗震救灾工作动态等方面，针对网民特别关心的如何开展地震善后救援、如何开展灾后重建等需求的服务内容还比较少。网站服务内容的组织和供给与用户需求之间出现了比较明显的脱节。

不能得到满足的网民信息需求，可以通过分析用户搜索关键词来锁定。与地震相关的无效访问搜索关键词，反映网民信息需求不能与政府网站发布的信息实现有效的匹配，属于典型的供需失衡。业务相关的"无效访问"搜索关键词，是指用户通过搜索业务相关关键词来到网站后，未登录到相应的信息内容页面，用户访问满意度较低，用户需求未得到满足的关键词。通过对省、市、县政府网站的用户搜索关键词及其相应着陆页的内容进行分析，发现部分与地震相关的搜索关键词属于无效访问关键词。

从搜索的关键词来看，供需失衡的主要表现为未来地震预警、震后生产生活恢复、震后祭奠悼念、灾后重建、灾区旅游、灾区高考、灾区大中小学上课、房屋抗震等。

## （六）优化再造

前面的供需失衡分析、特征洞察等指出了优化再造的方向。在芦山地震互联应急信息服务中，随着抗震救灾工作阶段的变化，网民对政府的服务需求呈现明显的阶段性特征，优化再造的工作方案除了继续满足网民当前抗震救灾信息需求外，更要从灾后重建和长远发展着眼，满足未来一段时间的社会需要。由于政府网站是政府部门提供互联网应急信息服务的主渠道，重点还是提升政府网站的互联网响应能力和服务水平，推进政府网站在树立政府互联网形象、应对重大突发事件、提供公共服务等方面发挥更大的作用。

优化再造要做到：一要立即加强对相关政府网站和官方微博的实时数据监测分析，提高数据归集能力，及时掌握网民表达的各种情绪和意见，也充分了解政府部门抗震救灾重建工作执行的实际效果，为有效引导舆论，避免谣言和社会恐慌情绪蔓延提供数据支持；二要建立动态调整和优化栏目的工作机制，针对网民新需求和政府网站现有响应能力不足的信息需求，不断丰富政府信息公开内容，增开地震预警、震后生产生活恢复、震后祭奠悼念、灾后重建等专题专栏，前瞻性地做好新栏目和内容的前期准备工作，主动回应网民关于地震对高考、公务员考试、社会稳定、灾区大中小学教学和旅游等造成的影响的担忧；三是加强政府网站对党政领导参与抗震救灾恢复重建工作的信息发布，以文字、图片和视频等多种形式，加强宣传报道和立体传播，强化领导亲民形象的宣传，树立政府在互联网上的新形象；四是要建立政府网站与政务微博等新媒体联动信息合作发布机制，在坚持政府网站作为信息公开和发布主渠道的同时，充分利用微博微信等向网民及时推送信息，形成良好的双向互动关系，共同提高网站用户和新媒体用户的黏度，扩大互联网影响力；五是针对移动智能终端用户的信息需求，按照移动终端服务的通行做法提供相应的内容服务，重点围绕地震、交通、医疗卫生、应急管理等领域，整合提供移动端 APP 应用服务。

# 三、进一步讨论

从现有的政府实践可以发现，大数据智慧决策新模式可以为政府治理创新提供一种新的路径。这种模式实践时间还很短，理论体系也很粗糙，至少还存在下列问题有待进一步探讨。

一是大数据决策的行政服务机制的建立。新模式提出的业务层和大数据层密不可分，但是在现行的政府行政体系中，没有给它们留出足够的行政空间，如业务运行管理人员编制和职务数、大数据汇集挖掘分析人员编制和机构设置。如果没有纳入现行的行政体系，建立起相应的行政服务机制，那么，大数据决策服务只能在体外循环，以临时性虚拟机构或者工程项目甚至科研课题的方式出现，大大限制了大数据巨大潜在价值的充分发挥。

二是地区和部门大数据中心的建设。国家已经提出以数据集中和共享为途径，建设全国一体化的国家大数据中心，推进技术融合、业务融合、数据融合，实现跨层级、跨地域、跨系统、跨部门、跨业务的协同管理和服务。循此思路，大数据智慧决策也要求相关部门和地区进行数据汇集，这是大数据分析挖掘的技术基础。但是，如此大规模的数据集是否要求每个部门、每个地方政府都要建设各自的大数据中心，数据范围如何确定、数据集中层级如何达成共识、数据共享交换路径如何实现、数据回馈服务如何管理，都要继续探索。

三是大数据应用人才的培养。大数据智慧决策离不开高层次的计算机应用复合型人才，既要熟悉政府部门业务运行和决策需求，又要了解大数据分析和应用技术。因为大数据应用历史比较短，商业化大数据技术人才不完全适合政府部门的业务需求，总体上来看，这类人才比较缺少，需要各部门加大培养力度，创造机制，尽快输出一批合格的大数据应用人才。这个问题在基层和偏远地区尤为突出。

四是社会合作机制的安全。大数据层涉及的数据归集和分析挖掘，一般都要借助社会相关公司和机构的技术力量，单纯依靠政府部门难以解决。业务层的特征洞察和供需失衡分析，也依赖于研究机构业务专家的智力支援，完全依靠业务工作人员也有一定的难度。此外，数据管理过程中有可能涉及个人数据泄露、数据安全存储调用、数据脱敏、数据流通等难题，都不是依靠单个政府部门的技术力量能够解决的。大数据智慧决策新模式离不开社会合作机制的有效运转，如何保证其安全高效，有待深入研究。

# 第五节 大数据驱动的智能审计决策及其运行模式

大数据时代的到来，引起了国家的重视。2015年9月，国务院印发《促进大数据发展行动纲要》，系统部署大数据发展工作。2015年12月在乌镇举行的主题为"互联互通·共享共治——共建网络空间命运共同体"的第二届世界互联网大会表明，"互联网＋"元素已经融入社会的方方面面。财政部2016年10月印发《会计改革与发展"十三五"规划纲要》，强调要加强会计法治和会计信息化建设，建立信息化公共服务平台，促进大数据的深度利用。2016年8月，中注协印发了《注册会计师行业信息化建设规划（2016—2020年）征求意见稿》，详细阐述建立行业数据库，建设智能审计作业云平台的要求。目前，随着《2015—2020年中国云计算产业发展前景与投资战略规划分析报告》的落实，云审计、物联网的不断演进，大数据背景下的研究越来越有价值。

注册会计师审计需要紧跟时代步伐，在大数据建设中，利用数据挖掘技术，进行审计决策研究。各类利益相关者在大数据背景下需要进行各种复杂的决策，借助云会计平台，针对CPA审计的各类决策等都将变得具有探索性。基于数据挖掘技术的CPA审计决策建设已成为全球性问题，大数据下的审计数据挖掘和审计师决策支持系统设计研究有一定的价值和意义。

## 一、文献回顾

国内外关于数据挖掘的研究很多，Stonebraker、Cao et al、Brown-Liburd et al对数据挖掘的技术方法及应用进行了研究，指出数据挖掘的技术方法种类繁多，包括分类和预测、聚类、关联规则、时间序列、图形图像、视频、Web等。张琛、吴泽鸿、马璐、陈伟等指出国内数据挖掘与知识发现领域的研究包括模糊方法、数据立方体代数、关联规则、非结构化数据及Web数据挖掘等各个方面。大数据下的CPA审计可以学习借鉴一系列相关的数据挖掘技术，更好地提供审计。

K.Change、Alessandro Mattiussi、Michele Rosano对云计算环境下的智能决策进行研究，指出云计算环境下海量的信息服务和决策资源能够为智能决策过程提供有效的支持，根据决策者的需求与偏好选择合适的资源进行服务。Benjamin Woo、Bryan、Lilien、Alles研究发现通过使用云计算等技术对会计大数据充分挖掘和分析，可以实现会计与业务一体化、信息资源共享。许金叶、赵婧、王舰、程平和王晓江等指出利用会计数据挖掘系统可以对繁杂的数据进行处理，提取出所需的信息，实现数据共享。

国外关于信息化的研究主要针对会计信息系统处理技术和处理流程，更侧重于技术的开发应用研究，较少关注企业自身的业务处理模式等问题。对大数据下的审计研究也都偏于总体的审计模式，较少对具体的审计决策展开研究。国内学术界对数据挖掘下的CPA审计研究主要集中在其基础技术研究和基本变化等方面，对于审计信息化研究，虽然有理论研究的文章，但是没有形成具体的框架体系。对于审计决策的具体流程大数据整合也鲜有研究，因此研究大数据下的审计数据挖掘和审计师决策支持系统具有理论和现实意义。

## 二、大数据对 CPA 审计的影响

### （一）大数据的概念辨析

大数据是指巨大和复杂到无法用现存的标准和工具来衡量的数据集。大数据具有三个特点：一是数据集体量巨大；二是数据处理速度快；三是数据种类多，有图片、地理位置信息、视频、网络日志等多种形式，数字、文本、图片、声音、视频均可捕获。大数据可以挖掘环境中的任何现象，将其数字化，转化成数据集，为决策研究提供来源。大数据分析就是观察数据、数据清洗、数据转换到数据建模的过程，进而发现有用的信息和模式，支持相关决策。互联网数据中心（IDC）认为"大数据"是为了更经济、更有效地从高频率、大容量、不同结构和类型的数据中获取价值而设计的新一代架构和技术，它不同于传统的数据采集、运用的技术，可以实时进行数据传送。

大数据时代的到来，将会改变思维的方式。大数据可以采集和处理事物整体的全部数据，数据量的增多可以提高数据分析的准确度，而不再依赖实质上有限制性的抽样分析。大数据的运用也使得人们不再热衷于追求数据的精确度，而是追求利用数据的效率。数据的实时采集使得数据的效率发挥了巨大的作用。同时，数据的剧增使得人们难以寻求事物直接的因果关系，但是对数据的深入分析和认识可以了解事物的相关关系，进而得出可以加以利用的有效结论。

### （二）审计数据挖掘

大数据背景下，审计数据的类型包括被审计单位所有的数字、图表、录音、视频等所有类型的信息，还包括被审计单位之外相关的各类信息、媒体报道、监管记录等。审计师要对这些数据进行采集和分析，这些工作离不开大数据审计平台的构建。在审计过程中，各种数据资料通常存储在企业的 ERP 和数据仓库系统中。这些数据本身不是大数据，只有它们实时被记录补充，实时完善，才是大数据的模式。审计平台的建设需要与各被审计单位进行数据接口的连接，采集实时的信息，打造大数据下的基础数据库。

数据挖掘是从大型数据库中提取出相关的信息，进行分析，制定重要的决策。大数据下的审计需要数据挖掘技术的支持。常用的审计数据挖掘技术有孤立点检测、关联规则发现、序列模式挖掘、分类和预测、聚类分析、演化分析、离群点挖掘、异常点检测等。大数据下的审计数据挖掘流程可以分为四步。首先是采集数据库中的各种数据；其次是进行数据预处理，包括数字格式转换、数字清洗、提炼；再次是用合适的数据挖掘技术对数据进行提取、处理，发现隐藏的知识；最后是进行数据的统计分析报告。

### （三）大数据对审计的影响

大数据时代的到来带来了审计方式的变革，全面、全过程的审计逐渐成为可能。大数据可以促进持续审计方式的发展，通过对数据进行多角度的深层次分析，促进总体审计模式的应用。计算机技术的运用，审计数据库的建立使得审计抽样的概念有所转变，审计重相关关系、轻因果关系，依靠数据事实说话。风险需要真正全面的识别而非推测，这给全面审计提供了可能。

风险导向审计仍是现代审计的主流方向，在大数据时代，风险导向程序将因为数据和技术的充分支持而变得更为完善。审计的具体实施还是按照风险导向原则确定审计证据，只是结合了数据挖掘等新一代的信息技术。审计软件不断研发升级，各种数据挖掘技术嵌入审计模块，从云审计平台挖掘数据，审计数据分析方法综合运用，如对多张表格进行交叉复核，对数据进行分段匹配、关联规则发现、序列模式挖掘等，运用信息化手段对审计流程实施实时监督，实时进行审计报告管理，将提供更为精细的分析报告，以供管理层进行战略管理。整个流程提供的信息更具有相关性、实效性，审计证据更加可信，全面的审计可以使任何虚假的数据现形，降低审计风险，提高审计质量，降低审计业务三方的信息不对称性，促进人与社会的和谐。

### （四）CPA审计流程的变革

CPA审计的相关流程主要包括业务承接、确定审计收费、制订审计计划、确定风险较高领域并应对重大错报风险、编制审计报告等，大数据背景下，这些审计流程细节也有所变化。审计流程中的审计业务的承接、审计计划的制订、审计收费的确定、审计实质性程序的实施、审计报告的出具这五大决策是使得审计顺利展开的关键，联网审计的发展使得智能审计决策成为可能。通过对被审计单位的内外部审计证据数据实施数据挖掘，开发审计决策支持系统，从而实现智能审计决策，可以减轻CPA的工作量，使审计结果更为精准。

## 三、大数据挖掘技术对审计决策的影响

### （一）数据挖掘技术、审计师业务承接及审计师变更决策

审计师在考虑是否进行业务承接时需要了解被审计单位的相关情况，研究被审计单位的环境，与前任CPA进行沟通，对其他相关人员进行咨询。这样可以较为全面地评

估被审计单位的业务水平和诚信道德，使得审计的开展更为顺利。标准的审计流程中，审计业务承接时的考量必不可少，但是当被审计单位为了自身利益提供虚假信息时，审计师不一定能及时发现。同时审计信息搜集的滞后性，也可能导致审计业务的错误承接。而大数据下的审计可以减少此类现象。

数据挖掘技术使得连续审计技术成为可能。数据挖掘技术与实时审计、计算机辅助审计、联网审计、非现场审计等方式高度融合，实现审计人员和被审计单位电子数据的及时连接与交互，克服了当前审计的滞后性。在这种环境下，被审计单位所有的业务行为都被记录。相关的审计数据库记录了以往的审计结果、相关的审计资料。拟承接的审计师将获得有关进入该企业的云审计平台的权限，该平台提供相关的经过监管机构明确证实关于审计环境、职业道德的相关资料，政府机构、前任审计师实时进行证实，由此提供的资料更为及时、可靠，CPA 可以更好地了解被审计单位，由此决定是否接受业务委托及进行审计师变更决策。

### （二）数据挖掘技术与审计定价决策

审计收费的影响因素很多，包括公司规模、事务所规模、财务指标、审计意见等。审计师在确定审计费用时需要一定的时间成本来搜集审计证据，确定审计收费。同时可能因为盈余管理存在一些异常收费，大数据时代可以减少异常审计收费，节约审计定价的成本。

审计数据挖掘技术的应用使得审计师可以通过网络、移动通信、数据库等获得数据，可以降低审计人员的时间成本和审计证据搜集成本。同时审计数据库记录着历年的审计费用，结合审计定价实证研究的方法，挖掘影响审计定价的相关数据，测算相关数据之间的关系，可以确定审计定价的合理性，减少审计购买行为。大数据时代的审计收费将受信息技术的较大影响，信息系统的性能增加审计定价中信息技术的成本，减少定价决策错误的机会成本，提高定价决策的效率。

### （三）数据挖掘技术、风险评估与审计计划策略

CPA 审计需要制订恰当的审计计划来实现资源的合理利用，提高审计效率。数据挖掘的实时性使得审计的范围更宽，审计报告的时隔更短，进一步地，审计计划的制订更具有实时性，更注重结果的分析与运用，实时监控、调整，以更实际地贯穿审计全过程。更为完备的审计数据库的建立，将给审计计划的制订提供更为清晰完整的思路，提高效率。

审计风险评估和应对是审计流程中的重点。大数据下的信息更为充足，风险评估中可以结合一系列计算机技术，进行数据挖掘式审计，更好地发现风险异常点，获取有效的审计证据。数据挖掘技术辅助实质性分析程序，将会有更具体的审计效果。

大数据下的审计环境更加复杂，审计风险评估除了审计流程中的风险，还涉及计算机中的相关风险。审计人员的计算机素质需要提高，学习 COBIT5.0 标准，对信息安全进行控制，审计流程中也要进行计算机安全审计，关注数据存储的安全性和完整性。

## （四）数据挖掘技术与审计证据决策

在大数据背景下，审计证据的获取将变得更为容易。比如函证程序的运用不再需要信件以及个体亲自现场往来，系统的联网和云审计平台的构建，将使得计算机技术上的函证有其可靠性。全面开放的数据资源使得审计证据的数量极大，但是审计的质量不会降低，反而因为大数据的时效性减小了误差，提高了可信度。数据挖掘技术的运用，可以更为迅捷地提取相关的审计证据，降低人工成本。所有的审计证据将受多方监督，不一致的审计证据可以通过联网查出，审计证据将更具可靠性。同时一系列交叉复核的审计证据可以依靠计算机技术自己完成，大大节约人工成本，审计证据的充分性与适当性将得到保证，审计证据决策的智能化可以大大提高审计效率。

## （五）数据挖掘技术与审计报告决策

审计报告决策即四种审计意见决策，指注册会计师对出具无保留审计意见、保留意见、否定意见、无法表示意见的审计报告的进行抉择。大数据环境下审计报告决策的对象不变，但是支持决策的信息将会以极快的速度增多，信息的增多可以提高审计质量，增强审计报告的有效性。

智能决策系统能根据一条条罗列的事项，通过算法，实现一些基本事项的判断，较为基础地得出审计意见。此后，注册会计师只需要利用职业判断，结合非智能的审计证据，提出自己再次判断验证的审计意见，由此得出的审计意见既有可靠事实的支撑，又有职业技能的支撑，更为可靠快捷，提高效率。

全面审计可以提供与企业内部更为相关、全面的审计报告，因为大量数据的支撑，只要进行适当的数据挖掘分析，就能得到与内部管理相关的数据资料，这些资料可以进行智能分析，自动生成管理会计报表，将更好地支持管理会计，全面预算管理的展开，继而为下期的工作提出有利的建议。大数据下的研究分析更准确，管理层可以借鉴，并以此展开企业管理，使多方受益。

大数据的实时性将使实时审计报告决策成为可能。数据库数据实时更新，审计师掌握数据挖掘技术后，可以借助计算机的辅助功能，快速编制审计报告和所附的财务报表。因为财务信息的可靠性，财务报告和审计报告的可靠性也能加以保证，审计效率提高，实时的审计报告将对各利益相关者的决策带来巨大的影响。实时的审计报告减少了审计报告滞后现象，呈现的信息将更具相关性，信息含量更高。

# 四、大数据下审计师决策支持系统运行模式

大数据下审计师决策支持系统的研发目标是提供审计师业务承接与变更决策、审计风险评估与计划决策、审计证据决策、审计定价决策和审计报告决策。审计的具体原则是依据风险导向审计原理，实行大数据下的 CPA 审计。在整个审计实施过程中，要注重审计平台的搭建和审计数据挖掘技术的运用，按照数据挖掘、数据清洗和数据转换的方法对数据进行处理，进而展开决策。

审计决策离不开计算机技术的支持，离不开国家的大数据战略中云审计平台的建设。因为该系统首先要整合全行业的数据资源，并且内部存储有较为全面的风险预警模型。可以建立包含我国居民收入、消费、固定资产投资、财政收支等方面的数据，以及此类数据随时间变化的风险数据库；建立关于审计对象历年经营信息的审计对象数据库，涵盖各种审计方法的审计方法库，各种审计证据信息分析的审计证据库等，这些都是审计信息支持数据库，各个数据库的资源整合使得数据挖掘的信息源充足。

具体部署四大数据库，法律规范数据库、审计方法数据库、审计证据数据库和审计模型数据库。各种法律规范数据库，包括内控规范指南数据库，涵盖各行各业各种程序中的内部控制规范数据，各种审计、会计以及经济法规的数据库，可以为审计提供法律依据和规范指引。建设审计证据数据库，包括审计证据收集的方法、审计证据分析的方法、审计程序展开的方法、相关审计提示的方法，以及审计风险因素识别的方法，整合成支持的知识库平台；同时审计风险的应对、风险的控制等可以综合成审计方法库。各种审计案例、审计模型共同打造审计模型数据库。同时被审计单位的信息也要导入整个云审计平台，数据挖掘可以通过私有云技术进行展开。

在数据平台建设的基础上，系统对被审计单位的数据进行采集、预处理，然后进行分析。可先通过数据挖掘分类技术对财务报表与数据库中采集的历年数据和行业数据进行横向比对，再通过时间序列模式模拟分析本年的财务报表和数据，评估被审计单位，基于能否发现异常的判断智能展开审计师业务承接及审计师变更决策。

确定承接业务后，挖掘被审计单位内控系统的程序设计数据，结合非财务数据以及多种数据挖掘技术，找出存在错报或风险的关键点，智能展开风险评估决策与审计计划策略制定。对审计环境的整体有个总体把握，找出存在错报或风险的关键点，对接下来审计工作的难易程度有一定的心理准备，针对不同的难易程度展开各种审计程序，进行细节测试和实质性程序。

审计定价决策依据审计工作的难易程度展开，通过企业规模、事务所规模和相关财务指标数据的挖掘进行。审计证据的采集需要更为全面地进行数据挖掘，对确定的风险较高领域用更为复杂的数据挖掘技术进行分析，确定具体问题的数据。比如交叉复核技

术、聚类和关联规则分析，可以替代人工进行智能决策，同时与关联方的系统联网，依据权限用智能替代人工，可以省去譬如人工跑银行询证的一些步骤。

依靠数据挖掘技术进行审计证据决策后，再进行审计报告决策，依据能否获得审计证据和财务报表中是否存在重大错报以及其广泛性，系统自动分析出对应的审计报告类型，进行审计报告决策。整个审计系统智能决策中，人员的作用将会大大减弱，因为系统提供了足够多的便利，但所有的程序都会留下记录，存档，继续导入数据库，为下次审计提供基础与指导，有利于整个审计循环高效运行。

审计师数据挖掘与智能决策系统需要计算机人员的硬件支持，需要进行系统开发，了解五大决策需求，利用 Hadoop、HPCC 等，导入业务支持数据库。大数据下的安全审计和系统维护是必需的，软件人员要与 CPA 协作，参与 CPA 审计使用反馈，并集合审计结果数据，进行改进升级，长久维护。

大数据对审计的影响，不仅表现在审计行业战略规划方面，而且表现在审计执业流程的变革方面。随着大数据、云计算、互联网技术的发展，实时审计或智能审计决策将逐渐成为现实。大数据下的审计市场数据的挖掘技术的应用，不仅能减少审计业务承接和审计师变更决策中的风险，挖掘影响审计定价的相关数据，减少异常审计收费，节约审计定价的成本；而且随着更为完备的审计数据库的建立，将给审计计划决策的制定提供更为清晰完整的思路，谋划高效获取充分性与适当性审计证据的策略，实现审计证据决策的智能化和审计报告决策的实时化。为此，构建基于审计市场内外部大数据的智能审计决策支持系统和大数据审计平台，实施大数据挖掘技术获取充分适当的审计证据等，为审计师智能决策提供模式支撑，将极大地提高审计效率和效果，更好地服务社会公众。

然而，大数据下审计师决策支持系统的运行，一方面需要政策和技术的支持，才能更好地整合各种审计资源，应用于全行业；另一方面审计决策支持系统运行模式的设计需要立法机构协同审计准则制定机构，联合计算机技术人员，共同制定相关的大数据背景下的审计操作指南，规范相关的准则，降低信息系统中存在的安全风险，可以更好地将相关决策系统进行实际应用，为审计师和客户带来裨益。更重要的是需要审计师要有大数据审计的胜任能力和道德修养，要求审计师具有坚实的审计基础，具备较为扎实的大数据处理技术和云计算和智能决策等知识工程的积累及训练，更好地服务于大数据驱动的智能审计决策的实施，以利于高效地提升审计价值。

## 第六节　大数据背景下的政府"精准决策"模式

舍恩伯格认为："未来数据就会像土地、石油和资本一样，成为经济运行中的根本性资源。"大数据时代的到来使得几乎所有领域，无论是学术界、商界还是政府部门，都已经制定了以大数据为核心的新一轮信息战略目标。2012 年 3 月，奥巴马政府就已经宣布开展"大数据的研究和发展计划"，并提出将"大数据"应用上升到美国国家战略的高度。英国政府更是利用大数据的观念和技术来打破公共部门之间的藩篱，进一步降低行政成本。2015 年 9 月，我国国务院发布了《促进大数据发展行动纲要》的通知，提出将建立"用数据说话、用数据决策、用数据管理、用数据创新"的管理机制。显然，大数据已经成为一项立足全局、面向未来的重大战略，打造"数据强国"已成为当今世界众多国家的战略目标。

2015 年，"上海静安"门户网站完成改版更新，使得各种大数据的整合、分享、应用成为可能，有效提升了"智慧城区"的智慧。智慧政务作为智慧城区建设的三模块之一，今后将实现人口库、法人库、地理信息库和决策咨询库等基础数据库的联通和应用，将有助于政府决策的精准有效。"静安区决策支持平台"的搭建对决策数据的整合与分析也有着重要的作用。可见，大数据时代的不断发展，对政府部门科学决策体系和决策能力现代化提出了更高的要求，实现"精准决策"将是政府部门决策模式发展的趋势。

## 一、大数据与政府"精准决策"模式概述

### （一）大数据及其特征

到底什么是"大数据"？麦肯锡全球研究所报告认为，大数据是指大小超出了传统数据库软件工具的抓取、存储、管理和分析能力的数据群。权威 IT 研究与顾问咨询公司 Gartner 认为，大数据是"需要新处理模式才能具有更强的决策力、洞察力和流程优化能力的海量、高增长率和多样化的信息资产"。在这一概念当中，大数据被看作是一种信息资产、一种战略和习惯，更是一种新的世界观和方法论。尽管关于"大数据"的概念没有统一的认识，但普遍的观点认为，"大数据"所呈现出的规模性（Volume）、多样性（Variety）、速度快速性（Velocity）和真实性（Veracity）的 4V 特征，将"大数据"与传统数据区分开来。在大数据时代，数据的价值才真正被发掘出来，人们的数据创新意识才真正被唤醒，并逐渐被用来为实现"精准决策"提供保障条件。

### （二）政府"精准决策"模式

西蒙曾说过，管理即决策。政府决策贯穿于整个行政活动，在整个行政管理过程中居于核心地位，也是政府对社会实施公共管理的重要途径，更是维护公共利益和实现公共利益最大化的重要手段。政府决策的科学化、民主化是正确制定行政决策的必然要求，直接关系到整个国家的政治、经济、文化发展进程，并有效推进政府的深化改革。

沃尔玛的精确管理、亚马逊的推荐系统、谷歌的翻译系统都说明了大数据在商业界

中的成功运行，也阐述了大数据方法论的核心思想，即从数据中寻找相关关系，通过这种关系对未来做出预测，为相关决策的制定提供参考意见。将这种"精准决策"的思想应用于政府部门，根据各事务的实际情况，依据相关数据分析，为政府决策提供科学准确的数据支持，提高政府决策的科学性和决策的效率。虽然政府"精准决策"模式现在还处于初级探索阶段，但不可否认，它将是政府决策发展的方向，也将为政府部门注入新的活力。

## 二、政府"精准决策"模式施行的充分条件

麦肯锡研究指出，尽管大数据能够在各个领域显著提高创新力、竞争力和产出率，但是，对不同部门而言，大数据所带来的收益程度不同，利用大数据时所面临的困难程度也不同。麦肯锡全球研究所报告《大数据：下一个创新，竞争和生产率的前沿》显示，与其他部门相比，政府部门在应用大数据的时候面临的困难最小，从大数据中获得的收益更多，价值潜力更大。原因主要体现在以下方面：

政府部门在数据占有方面具有天然的优势。大数据的核心是数据，再就是数据技术与思维。只有先占有大量的数据，才能从中挖掘出巨大的价值。政府的工作关系着民生的方方面面。在日常行政管理过程中，也自然而然地积累了各类与社会生活息息相关的数据。而且，政府还可以根据需求，要求企业、事业单位、行业协会提供各种数据。巨量的数据为施行政府精准决策分析提供了可能，也使政府决策可以找到更为精确细化的数据支持。

政府部门在我国社会管理中的地位优势。我国政府部门是在坚持中国共产党领导下直接管理社会事务的机构，与人民生活息息相关的社会事务都需要政府的参与。这种地位优势不仅让政府部门能够收集到足量的数据，也能让政府部门依据准确的数据信息来进行社会事务管理，达到"精准决策"的目标。

政府部门特有的人才优势和社会责任意识。政府部门拥有专门的干部队伍和统计部门。例如，国家统计局会定期开展人口普查和经济调查，能够掌握大量有关经济运行的数据，并利用专门人才对数据进行分析，为政府决策提供快速、准确的参考建议。另外，政府人员肩负着为社会民众谋求最大利益的责任，这种责任意识也让政府工作人员努力寻求精准信息，为人民群众提供精准决策以解决实际问题。

政府部门能够充分利用国家的战略优势。作为中国 16 个重大科技专项之一、被称为"天眼工程"的高分专项取得标志性成果，整合了高分专项全部数据应用资源。"天眼"信息平台的正式运行，已使高分卫星数据替代进口数据，实现中国卫星数据自给率达 80%。国防科工局副局长吴艳华表示，随着高分卫星数据的持续稳定供给和应用服务的不断深入，对目标区域的热点进行专题展示和大数据分析等功能为政府精准决策提供了有力支持。

## 三、大数据背景下施行政府"精准决策"模式的重大现实意义

政府利用大数据分析能提供精准决策，增强公共服务的针对性，满足公众的多元个性化需求。在传统的公共管理中，公共部门倾向于为所有公民提供相同的服务。实际上，公众往往具有非常多元化的个性化需求。越来越多的数据挖掘分析能够提前感知预测并直接提供给服务对象所需要的个性化服务需求。德国联邦劳工局对大量的失业人员的失业情况、干预手段和重新就业等历史数据进行分析，使得其能够区别不同类别的失业群体采取有针对性的手段进行失业干预，在对不同类别失业群体采取区别化干预的同时，也大大提高了公共服务提供的效率。该做法使该局能够在每年减少 100 亿欧元相关支出的情况下，减少失业人员平均再就业所需时间，大大改善了失业人员的求职体验。

在公共部门内推行"精准决策"模式，有助于提升行政服务质量，进而推进公共部门内部和外部的创新发展。利用大数据分析和预测能力能够很好地掌握事情的本质和发展态势，为决策的执行赢得时间优势，对比以前的政府决策模式，这种分析预测解决问题的方式能够提高公共事务处理的效率和公众满意度。而且，商业、非营利机构、第三方通过开发出大数据工具和分析软件，对政府服务进行反馈，为改善现有的决策方案提出建议，从而为公共部门创造新的价值。

将大数据技术和思维运用到政府决策过程中，能够提供精准分析，提高决策的科学性。以前靠经验和"拍脑袋"的决策模式已经不适合当今社会的发展要求，且公共事务的日益复杂化要求我们树立一种科学的态度。依据海量的数据搜集和精准的数据分析，通过掌握决策依据、优化决策过程、跟踪决策实施来增强决策的科学性，实现从"拍脑袋决策到基于大数据的科学决策"的转变。

## 四、推进政府"精准决策"模式建设的措施

山东社科院日前召开了"重大理论和现实问题协同创新研究项目负责人会议"，强调要突出应用对策研究，精准服务政府决策，提高对决策的精准化要求。当前，大数据时代的发展给政府精准决策提出了更大的挑战，也给政府部门的业务优化和能力提升指出了新的方向。

政府部门应树立大数据观念，重视大数据对提升业务能力的作用。目前，对大数据等现代技术仍然缺乏全面的认识。一项针对我国主要部委信息化部门的调查显示，近四成的负责同志并未对大数据提升业务能力予以足够重视，仅有 5.6% 的部门将数据分析视为业务核心竞争力。大数据不仅是一种海量的数据状态、一系列先进的信息技术，更是一套科学认识世界、改造世界的观念和方法。对于政府而言，利用数据支持决策，所

要解决的最重要的问题是意识观念问题。树立与大数据相关的世界观和方法论，有助于我们转变行政主导的传统思维，树立以人为本的核心意识，深入把握科学发展观的精神内涵和题中应有之义，达到持续改进公共管理和服务的目的。

国家应充分认识到大数据发展的趋势，将大数据发展战略提到国家战略的高度。目前，大数据已经成为全球高科技竞争的前沿领域，以美国、日本等国为代表的全球发达国家已经展开了以大数据为核心的新的争夺焦点。目前，大数据已得到中国政府的高度关注，但在中国国家战略层面的文件中，对大数据提得不多。中国工程院院士在《关于实施大数据国家战略研究》的报告中表示，虽然我们意识到大数据的重要性，却并未在真正意义上将其提升到国家战略高度来考量，我们迫切需要从国家层面制订大数据发展规划，将大数据上升为国家战略。国家的态度决定着大数据在我国发展的程度和高度。精准扶贫政策作为关系国计民生的一项重大政策，也是大数据应用于国家事务的重大实践，国家对这方面给予了重点关注，这都很好地促进了精准扶贫工作的顺利开展。

建立信息安全机制，为政府精准决策模式的发展提供安全保障。大数据时代为我们展现了一幅广阔而美好的图景，也为政府全面升级公共管理和公共服务、优化政府决策模式提供了一种有效路径。但是大数据在带来大知识、大发展、大价值的同时，也隐藏着巨大的社会风险，如数据集无法摆脱的曲解、偏见和盲区；大数据涉及大量的个人隐私，危及公民个人的安全等等。大数据信息的真实准确性是非常重要的，但如何保障信息资源的安全将是我们现在需要解决的问题。可以从以下几方面加强：对信息资源的存储进行加密处理；增强制度建设，加强系统的安全监控能力；从国家战略的角度重视保护和挖掘数据价值。

注重关键技术的研发和基础设施建设，为精准数据分析提供技术支撑。大数据倡导者认为："有了足够的数据，数字就可以自己说话。"但是，大量数据的存在形式是相当复杂的，没有相应的关键技术对这些数据进行分析，数据的价值就无法展现。数据时代的发展要求相关技术和基础设施都能跟上时代的要求，技术投入的重点就要在关键技术和基础设施的研发方面，还要注意引导政府和社会多方面的投入，充分利用相关资源。政府统计部门也要顺应形势变化来开展工作，完成各项统计任务，做到"真实统计""阳光统计"，为政府的正确决策提供科学、准确的数据。

建立政府数据统一开放平台，实现各部门数据的联合分析，消除信息孤岛问题。政府的多个部门都拥有着大量的数据，但不同部门的数据往往孤立存在，导致与政府事务相关的各种数据散落在不同部门，出现不同的数据孤岛，导致政府的数据资产不能很好地整合使用。各个部委都积累了大量的数据，而要真正地做出科学精准的决策则依赖于各部委数据的联合分析，建立专门的数据处理中心，快速解决数据孤岛问题，打通数据共享通道，其中诸如计生委和人保等数据的关联分析则会给民生带来很大的好处。当然这一方面依赖于技术，另一方面更依赖于政策的支持。2015 年 9 月国务院印发的《促进大数据发展行动纲要》提出，国家政府数据统一开放平台将在 2018 年年底前建成，率先在气象、环境、信用、交通、医疗、卫生等 20 余个重要领域，实现公共数据资源合理适度向社会开放，这将为联合数据分析的实现和政府"精准决策"模式的发展提供政策支持。

未来，以"数字化、网络化、智能化"为主线，政府的信息化应用将深入城市管理、社会治理、行政服务、安全保障等各个领域，为政府决策提供科学准确的数据支撑，"智慧"地促进社会治理方式的转变和经济创新驱动的发展。

# 第七节　基于医院大数据的基层医疗机构诊疗决策支持模式

目前我国医疗行业存在资源分布不均、配置失衡等问题，正是我国看病难题的主要症结所在。基层医疗机构受医疗设备、医疗技术水平等方面的限制，提高诊疗水平的难度大。基本医疗服务能力有限，对门诊病人只询问病史、实施简单的物理检查后就做出诊断和处理，误诊和误治现象普遍，尤其是在广大农村和边远山区。

信息化作为支撑新医改"四梁八柱"的八柱之一，得到了前所未有的重视，信息化被认为是医改方案具有可操作性的重要前提，是解决看病难的"一剂良药"。国家卫生信息化"十二五"规划"3521"工程也明确提出要建设以电子病历和电子健康档案为核心的两大资源库。临床信息系统，尤其是电子病历的核心价值在于是否有"临床决策支持"，因为临床决策支持能够降低医疗差错和提高医疗质量。而临床决策支持的关键是要研究临床医生的信息需求、决策方式及寻求决策支持的方法或途径。

大数据是医疗卫生机构最宝贵的资源之一。临床一线医务人员和各级卫生管理部门决策所需信息必须及时、可靠、可及、易懂。为充分、及时获取病人信息，辅助临床诊断和治疗，降低医疗差错，雷健波等提出了无线"Info Button"（一键通）的解决策略，认为此方法将病人特有数据和在线信息资源连接起来，能够改善医务人员获取临床信息的能力，同时满足医务人员现场决策对大量精确信息的需求。

本节在分析四川省大型卫生信息化项目的基础上，提出了一种基于大型医院数据再利用的基层医疗机构诊疗决策支持模式（以下简称基层"一键通"）。通过分析大型医院数据，为基层诊疗机构提供可参考利用的诊疗资源。

## 一、基层"一键通"模式的可行性

近年来，四川省在"设计顶层、整合中层、统一基层"的总体建设思路指导下，卫生信息化飞速发展，信息化建设项目成效显著，为基层"一键通"诊疗模式的构建提供了可能性。

结构电子病历建设：大型医疗机构，尤其是省级医疗中心结构化电子病历建设为基层"一键通"模式运行提供了数据源。电子病历是数字化医院建设的"里程碑"，区域级电子病历是电子病历发展的高级阶段，结构化电子病历建设为信息共享和决策模式构建提供了可靠数据源。

卫生信息平台建设：区域卫生信息化数据共享平台是联通大型医疗机构和基层医疗机构的"中枢"，也是决策知识库构建的载体。四川省正在建设县级数据中心，部分市 / 县已经建立市级区域卫生信息平台。省级区域卫生信息平台目前处于建设论证阶段，它是建立在市级平台之上的，可与市 / 县平台进行数据交互。

基层管理信息系统建设：全省统一的基层医疗机构管理信息系统，为广大基层医务人员提供模式应用"抓手"。统一使用基层管理信息系统，采用 B/S 架构设计系统，以县为单位统一部署实施，实现四川省基层医疗站点的全覆盖。

远程医疗服务平台建设：省远程医疗系统定位于基层远程医疗系统。明确三级会诊网络（省—市、市—县、县—乡），统一全省远程医疗服务平台，构建远程医学共享资源库，对医学数据进行挖掘和分析，为广大基层医疗机构服务。

省级居民电子健康档案建设：全民电子健康档案也是基层诊疗的重要数据支持。四川省除部分市州采用市级集中建档模式外，其他地区均采用省级集中建档，全省标准化建档率达 90%。

区域卫生信息标准化建设：区域卫生信息标准化建设是构建基层"一键通"模式的重要保证之一。四川省作为国家卫生计生委卫生信息标准落地的试点省之一，积极参与卫生信息标准的试点工作。统一的区域卫生信息标准为全省统一交换业务数据奠定了坚实的基础。

## 二、基层"一键通"模式的构建

大型医疗机构有电子病历数据"金矿"，但诊疗数据再利用的范围有限，基层医院临床医生的信息获取能力普遍较低，获取证据的渠道单一，未能将最佳临床证据运用于临床决策中。因此，综合医学、信息和计算机辅助诊断技术为医务人员提供疾病诊断、治疗等医疗全过程支持，提出了通过区域卫生信息平台，结合全省居民电子健康档案数据和远程医疗系统的经验，实现大型医疗机构和基层医疗机构系统无缝对接，构建大型医疗机构电子病历数据知识发现与再利用的"以患者为中心"的基层医务人员诊疗决策支持创新模式。

## （一）医疗决策挖掘

决策过程开始于对决策需要的一种认识，它是一种诊断或治疗，需要决策意味着之后会产生一系列可选择的行为。根据评估标准，在众多的行为中选出最优的执行。以决策得到的反馈为基础，医生可以从过程中学习并提高业务水平。在医疗诊断中，可根据大量确诊的病例，以疾病诊断结果作为决策属性，以各种疾病症状数据为条件属性，建立医疗病例知识库（或医疗决策表），通过对医疗决策表进行数据挖掘，获得有价值的医疗诊断知识。数据挖掘需要海量的信息，可选择省级平台或市级平台进行挖掘，这些平台有一定的数据积累且数据可信度较高、挖掘效率高。通过平台可实现医院信息和基层信息的"对口"转接，利用标准适当转化，提供适用于基层的诊疗知识。

四川省居民电子健康档案的基本信息包括疾病史、家族史、药物过敏史和就诊者的最新疾病信息。基层医生应学会使用居民电子健康档案，及时更新健康档案。这样患者在基层就医时，基层医生就可随时调阅就诊者的健康档案。根据基层信息系统中标准化的症状描述、主诉等关键字，深入基层信息系统的 COPE、知识库、诊疗全过程，由基层自动或手动提出诊疗支持申请。通过区域平台的决策支持模块，对大型医院电子病历中的主诉、症状、病程记录、临时医嘱和长期医嘱、临床用药等关键字段选择匹配，形成系统支持信息。通过区域平台分级返回至基层信息系统界面，返回给基层医务人员，以可视化和文字两种形式提出参考建议，供其诊疗决策参考。支持的形式可以多样化，如临床用药警告、鉴别诊断、需进一步明确检查、诊断要点、用药建议、超常规用药警告、转诊建议、康复建议等，还可以远程学习在线典型病案、咨询与交流等。

假如疾病 A 具有症状 z1、z2、z3，疾病 B 具有症状 z2、z3、z4、z5，疾病 C 具有症状 z4、z5、z6、z7，基层医生通过四川省基层信息系统，在病人主诉中录入症状 z3和 z4，并且申请诊疗决策支持。首先，在知识库中进行匹配，查询是否存在高质量的数据并同时具有症状 z3 和 z4。如果有，即时返回支持信息；如果没有，知识库不能进行有效匹配，则需通过省级平台查询信息。决策过程：首先，调查各大医院的电子病历中的主诉、症状、病程记录等关键字，进行组合匹配运算，根据各大医院的集中数据运算，得出某种疾病可能是疾病 A、疾病 B、疾病 C，并且运算得出结果确定是疾病 A，需要进一步明确是否存在症状 z1 和 z2；如果确定是疾病 B，需要明确症状 z2 和 z5；如果确定是疾病 C，需要明确症状 z5、z6、z7。这样可使基层医生更加开拓思维，利用现有自身医疗设备，做进一步的检查，排除或明确建议的症状，确诊一种或几种疾病的可能，并将结果即时告知患者。当此次申请支持结束后，基层医生对本次提供的信息进行反馈，系统将暂时保存反馈结果，医疗专家可对访问频次较高的症状或疾病进行专业分析。

知识库是辅助诊疗决策支持的基础。为提高效率，相同的诊疗支持可存入知识库，避免重复挖掘，知识库也应该定时或不定时地更新。同时，还需建立诊疗知识的评价机制，可采取基层医务人员满意度打分、医学专家评价等多种方式进行评价，更好地完善知识库。

### （二）临床诊疗支持系统

医疗活动数字化便于为大量相同或相似的病例、病理及特例和个案提供统计和分析的基础。利用海量数据，提出基于案例推理的临床诊疗支持系统（CBR 系统）。

CBR 系统以推理决策模块为中心，以案例库和知识库为基础，为临床诊断和治疗提供决策支持。为便于存储和查询，CBR 系统可自动生成电子病历。CBR 系统包括人机交互模块、问题咨询模块、医疗方案选择支持模块、诊断过程排队与病历自动生成和管理模块、知识和案例维护模块。该系统具有威公正、知识更新及时、性能优良、占用资源少和处理速度快等特点。

目前基于病案推理的机器诊断方案还存在诸多问题，如如何有效地表示病例、如何快速有效地检索大型病例库中的相似病例、如何评价诊断对象和相关病例的相似度等。

## 三、基层"一键通"模式存在的问题

### （一）患者隐私保护与信息安全

隐私性是医学信息的重要特征，电子病历中存在大量隐私信息。信息化使得信息可以更加便捷、广泛地传播，增加了保护患者隐私的难度，因此对保护患者隐私保护提出了更高的要求。虽然网上传输海量数据已经在远程医疗平台得以实现，但信息共享会带来诸多安全隐患。四川省虽有自建和租用的 VPN 专网，但在县级平台至基层站点，尚未专网连接，无法实现以加密方式点对点传输，存在安全隐患。

### （二）大医院与基层医疗机构的差异巨大

我国大型医院与基层医疗机构之间存在巨大的差异，基层医疗机构主要针对常见病和多发病，而大型医院主要是针对疑难杂症，同时也处置大量常见病和多发病；基层医疗机构主要使用国家规定使用的基药，品种有限，但是大型医院很少使用基药，两者存在药品使用范围差异、人才差异和技术差异。因此大医院的医学数据是否适宜基层诊疗决策支持还是一个问题。

### （三）各方认识不足

受体制、机制等因素影响，长期以来我国卫生信息化建设多由项目推动，重硬件投入和局部应用，轻条块结合、横向协作。卫生行政部门和大型医疗机构对诊疗信息再利用的认识不足，信息再利用工作缺乏统筹和动力，导致数据挖掘和信息再利用工作长期处于无序状态。信息系统建设中形成的许多"信息孤岛"和"信息烟囱"，不仅不利于医疗资源高效整合，也不能满足医改"建设实用共享的卫生信息系统"的战略要求。

### （四）医疗责任认定

基层"一键通"模式提供的仅仅是通过计算机信息系统从大型医疗机构挖掘得到的可能对当前诊疗决策有帮助的信息，而不是确定的疾病诊断或用药结论，仅供基层医务人员决策参考，需要基层医务人员根据实际情况鉴别采纳。但值得注意的是，临床决策信息会对基层医务人员的临床思维产生影响。若出现医疗责任事故，责任认定将是一大难题。

目前四川省在卫生信息化方面已初粗具规模，尤其是基层医疗机构信息系统"网底工程"成效显著。本节结合四川省卫生信息化建设市级与发展规划，提出了基于大型医院数据再利用的基层医疗机构诊疗决策支持模式，旨在提高广大基层医疗服务能力，为解决"看病难，看病贵"探索一条新路。

# 第五章 大数据决策的实践应用研究

## 第一节 大数据时代城乡规划决策及应用

在大数据时代，城乡规划决策比较复杂，在城乡规划方面存在一定的不确定因素，针对大数据时代的现状，要求对应的部门充分利用大数据技术，对城乡进行合理的规划，确保整体合理性和科学性。本节以大数据时代城乡规划决策要求为基础，对具体的途径进行分析。

科学技术不断进步，大数据广泛应用在各行各业中，在城乡规划的过程中，各种不确定因素普遍存在，可能导致城乡规划难以顺利实施。在大数据应用中，需要为城乡规划提供全面和详细的数据信息，对应的部门和工作人员等需要顺应时代发展趋势，积极利用大数据的优势，结合大数据时代的特点，促使城乡规划更加合理和科学。

### 一、大数据时代对城乡规划决策的影响

在大数据时代对城乡建设和规划的要求高，结合现有决策机制可知，在决策过程中，合理进行城乡规划和建设，能确保决策的有效性。

#### （一）符合城乡规划的要求

在当前城乡规划和建设中，对数据的应用有严格的要求，根据表征可知，各种信息是透明的，是人民主动参与到民主讨论的后盾。在城乡规划和建设中，自身具有独特性的特点，在城乡布局的过程中，在公共领域的资源配置中，确保整体科学性，可以实现多数人的价值目标。在规划设计中，进行契合性分析，在城乡布局和决策中，如果城乡规划设计和决策等不合理，可能引起一系列的非平衡问题，对整体发展产生负面效应，因此在城市决策和控制中，考虑到公共利益，进行大规模的个体属性和需求概率分析。在大数据分析和操作中，以公共利益作为基础，确定实际目标导向，给城乡规划和建设带来积极影响。从宏观角度而言，微观的个体组织结构的改变，显示了离散的流程，在城市空间建设中，符合形式要求，在大数据时代分析中，进行城乡决策有效规划。

### （二）提供利益权衡机制

在大数据潮流下，利益权衡机制符合城乡规划和决策的具体要求，在单位利益权衡管理中，提供必要的数据条件，在城市发展期间，区域间的竞争激烈，以多个空间维度作为基础，纵横各个方向可知，需要实施数据和信息等分析。在城乡规划和统一阶段，设计出严密性的管理机制，深化核心发展资源形式可知，有效的规划后，能达到理想的目的。在大数据思想下，将多个队伍进行层级划分，在当前平台下进行处理，实现空间利益的权衡。

## 二、城乡规划决策与大数据的耦合

在城乡规划和决策中，以大数据作为基础，实现耦合性管理，对城乡规划决策与大数据的耦合进行研究。

### （一）城乡规划数据源

在大数据整合性管理中，各个部门之间的信息和数据对比是关键，在大数据管理中，实现的是数据信息的交流。在城乡规划和设计中，由于数据比较冗杂，城乡规划需要大量的信息，由于数据多，在管理中涉及的部门多，需要考虑多个方面。在城乡规划中，信息模式有多样化的特点，信息本身有动态特征，在时代发展中，呈现规划的数据也发生变化，要求不断更新和完善。大数据应用在城乡规划中，可以实现对数据和信息的详细分析。

### （二）城乡规划决策的本质

城乡规划本身是个复杂和烦琐的过程，在进行城乡规划的阶段，有很多的不确定因素，此类因素可能给城乡规划带来一定的不良影响，在大数据城乡规划设计中，进行相关性分析。在诸多不确定因素之下，实际的城乡建设和城乡规划等存在误差，甚至存在超出可控范围的现象，必须实现对城乡规划的预测。无论任何情况，实现规划后不能停止，在整个过程中，如果存在失败或者失误等现象，必然给城市建设带来消极影响。

### （三）不确定性分析

呈现规划中不确定的因素主要有二：一是对象，二是决策主体。对象的不确定性指的是城乡规划的负责性，以传统数据为例，数据冗杂、处理难度大。规划主体也存在一定的不确定性，整个过程中，缺少预测工具，如果工具预测不到位，容易增加规划难度，甚至滋生安全隐患。在城乡规划和决策中应用大数据模式，能避免各种问题，确保城乡规划和建设的稳定性。

## 三、大数据时代促进城乡规划决策理地念发展的应用途径

在大数据时代，对城乡规划和决策等有严格的要求，需要致力于发展途径的更新和建设，以下将对具体的途径进行分析：

### （一）进行可视化创新

时代不断发展和进步，带动了经济和科技的进步，在城乡规划和设计中，数据信息繁多，相关部门需要利用大数据来整理和分析冗杂的数据，数据可视化技术满足了这一条件，可视化技术应用中，将数据作为简单点线图，可以将其更好地呈现在受众面前。科学技术不断进步，可视化技术方式取得突出的进步，此外仪表盘和计分板等应用后，能确保动画技术和交互式三维地图的合理性。在各种数据信息分析中，城乡规划设计中，对宏观模式有严格的要求，可以发挥可视化技术的优势，实现城乡规划的有序评估和应用。可视化技术形式可以整理和分析城市夜晚的灯光数据，结合结果进行城乡体系的热点区域评估，相比遥感技术而言，可视化技术方式更方便和快捷。

### （二）实现数据信息的整合

数据的完整性和规模化等决定了城市规划和决策的对称程度，影响了城市规划的最终结果。在进行城乡规划建设中，各个部门需要转换数据格式，科学的方式能确保策划方案的完善性，此外在共享平台建设中，实现的是动态数据的分析。在实时监督和管理中，提升了资源的开发效率。此外大数据应用的结构特殊，在数据整合中，最大化实现大数据的价值观。

### （三）完善现有规划方案

在实施城乡规划和决策的过程中，可以提前进行模拟规划，在模拟规划设计中，能最大化避免出现资金损失。模拟规划的形式比较多，以空间模拟为例，此类方式对比的是模拟数据和实际数据，在城乡规划和决策中，提供准确和全面的信息。此外在数量模拟中，利用不同种类的预测工具，在空间互相作用的模拟条件下，结合居民、开发商、政府等因素，针对实际情况提供多种决策模式，便于工作人员选择最优的方案。

时代在不断进步，信息化发展优势明显。在城乡规划和决策中，信息技术的应用能为城乡规划和决策等奠定基础。以可行性方案为例，在决策和控制中，要求对应的部门根据区域的具体情况，确保城乡建设的科学性。在决策过程中提供有价值的数据信息，实现区域矛盾的缓解，保证资源配置更加优化和合理，进而实现城市的和谐发展。通过进行可视化创新、实现数据信息的整合、完善现有规划方案等方式进行城乡规划，确保城乡统一进步。

# 第二节　健康大数据在药物经济决策中的应用

健康大数据（Healthy big data）是随着近几年数字浪潮和信息现代化出现的新名词，是指无法在可承受的时间内用常规软件工具进行捕捉、管理和处理的健康数据的集合，是需要新处理模式才能具有更强的决策力、洞察发现力和流程优化能力的海量、高增长率和多样化的信息资产。将健康大数据应用于药物经济决策中，对于药物经济学的良好发展有重要的意义。

## 一、健康大数据在药物经济决策中应用的作用

### （一）监测大众身体状况

顾名思义，健康大数据是以人类健康为基础建立起来的数据库与信息模型。在药物经济决策中应用健康大数据，有助于更好地监测大众身体健康状况。例如，药物经济学家在进行科学的决策工作中，可以预先登录到有关数据库中检索健康大数据的各种资料和信息，从而判断出未来药物经济的发展趋势与药品研究的基本走向。

### （二）科学预防各种疾病

在大数据技术的不断发展下，健康大数据应运而生。在药物经济决策中科学、合理地应用健康大数据，可以达到预防各种疾病的效果。这是因为药物经济学家在分析健康大数据的过程中，能够透过诸多的健康大数据来分析未来各种疾病的发展规律与变化特征，一旦预测到疾病有恶化或者患者数量增多的趋势，就会采取相应的药物研究方法，设计出新型药物指导疾病的预防，或者注射各种疫苗来科学控制疾病。

### （三）分析健康发展趋势

在人类医学事业突飞猛进的今天，了解人类的健康发展趋势，对药物经济决策工作的影响比较大。为更好地提升药物经济学决策效果，首先要掌握人类的健康发展趋势。在这种情况下，药物经济学家在决策中可以充分借助并利用健康大数据资料，以提升决策的科学性与准确性，从而促进我国药物经济学的优良发展。

## 二、健康大数据在药物经济决策中应用的方法

### （一）构建完善的大数据管理系统

加大资金投入力度，构建完善的大数据管理系统。在药物经济决策中应用健康大数据，需要从收集、分析、处理健康大数据资料和信息入手。而在整理各种健康大数据资

料的过程中，对大数据信息系统的要求比较高。该系统中不仅含有国内的健康大数据信息，而且还包含着国外众多的大数据资料。只有药物经济学研究所内部具备完善的大数据管理系统，才能极大地提升健康大数据的利用率，并发挥健康大数据的重要作用和优势，让健康大数据更好地服务于药物经济学决策工作与研究工作。所以，我国相关机构及其部门要加大资金投入力度，积极完善各类健康大数据管理系统，加强基础设施建设。

### （二）建立科学的大数据分析模型

建立科学的大数据分析模型，不断提高药物经济决策的专业性，这对于健康大数据在药物经济决策中的良好应用有着积极的意义。在分析健康大数据的过程中，需要药物经济学研究人员建立科学的大数据分析模型，通过当前已经具备的科学数据来预测未来人类疾病、健康、生命发育的基本趋势。所以，我国药物经济学研究人员要想提升决策的科学性与准确性，必须提高个人的专业化发展水平，建立健全大数据信息管理制度，定期加强培训以提高科研人员的药物经济研究水平。在构建大数据分析模型中保持科学性与谨慎性，一方面，要符合人类当前的疾病与健康发展状况；另一方面，还要在目前的基础上提高决策的前瞻性，以更好地造福于人类。

### （三）药物研究立足于健康大数据

药物研究应当以健康大数据为重要依据和基础，且保证健康大数据得到充分的应用。健康大数据的资源比较丰富，通过对大数据系统中的信息检索，甚至可以挖掘出 20 世纪的诸多健康资料与数据。所以，在药物经济决策中应用健康大数据时，需要药物经济学研究人员从广泛的健康大数据信息库中收集对当下研究有用的资料和信息，这种工作的强度与难度都比较大。如果不能确保对健康大数据的充分利用，将会影响到药物经济决策的科学性与有效性。对于这种情况，相关药物经济研究人员要保持科学、谨慎的分析态度，对健康大数据资料进行全面的处理。从过去、现在的诸多数据信息，整理出适合当前药物决策的数据资料，以充分提高药物经济决策的综合水平，并符合人类健康发展大趋势。

## 第三节 大数据在政府决策中的应用

随着大数据时代的到来，大数据作为一种新兴工具在各行业的工作中都发挥着重要的作用。很多政府部门也已经将大数据运用到了公共决策当中，大数据在给政府决策理念与决策模式带来机遇的同时也带来了一些困境。面对纷繁复杂的决策环境，各级政府都应该积极应对挑战，通过主动树立大数据理念，优化相关制度和机制，着重培养复合型人才等方法，来推进政府利用大数据进行科学决策的能力。

近年来，中共中央政治局针对实施国家大数据战略进行了多次集体学习。中共中央总书记习近平在主持学习时明确指出，大数据发展日新月异，我们应该审时度势、精心谋划、超前布局、力争主动，深入了解大数据发展现状、趋势及其对未来国民经济社会发展的长远影响，分析我国大数据近年来所取得的成绩和存在的问题，推动实施国家大数据战略，推进数据的资源整合和开放共享，加快数字中国的建设，以保障更优质地服务于我国经济社会的发展和人民生活的改善。

由此可见，大数据不仅是时代的弄潮儿，更是政府工作的重要内容和有力工具。在公共决策领域，大数据作为一种新工具，决策主体应该如何主动利用好这新工具、发挥出大数据工具的优势是当前政府决策主体亟须解决的问题。

## 一、政府决策的概念

张国庆这样定义政府决策：主体是国家行政机关，其决策过程属于行政管理程序，其决策的职能是国家行政管理职能，其决策的事项是国家公共事务。政府决策既可是动词亦可是名词，作为动词而言指政府机关针对有关公共问题，为实现和维护公共利益而制订计划、选择方案并最终落实的行为与过程；作为名词讲，是指政府机关为解决公共问题、实现公共利益而选择和制订的计划、方案和策略。

关于大数据与公共政策的关系，黄璜认为，大数据本身已经是一个客观的存在。它对公共政策的影响已经在不同层面和不同领域中显现出来。公共政策不仅要利用大数据提高政策水平，更重要的是要面向和适应越来越数据化的社会环境，必须将大数据作为公共政策研究的一个新的变量，这是挑战也是机遇。

## 二、政府运用大数据决策的困境

近年来，随着政府电子政务的发展与覆盖，政府管理的数据量呈现出爆炸性增长的态势，并带有复杂性、突发性、零散性等特点，这除了给决策主体带来大量的可利用的数据之外也给决策主体筛选和甄别数据带来了困难。传统的个人领袖经验主义决策模式，已经无法与大数据环境下进行公共决策的需求相匹配。

### （一）政府决策主体缺乏大数据观念

数据信息的采集与分析是现代化政府进行公共决策的首要前提。关于当前大数据在政府部门的运用状况，我国主要部委中信息化部门的一项调查报告指出，"有近百分之四十的政府部门负责人对于大数据提升业务能力的重视程度还相差甚远"。这也体现各级政府的决策机构对应用大数据决策的主动性不高。政府决策主体缺乏大数据观念，在决策信息采集过程中，往往还是采用较为传统的形式进行相关数据的收集和分析，这种方式的成本较高而且分析结果的精确度较低。另外，随着数据的爆发式增长，在体量巨大、纷繁复杂的大数据面前，传统的数据分析方法也难以辨别数据的真伪性及数据的有效性。意识是行为的先导，只有政府主动去树立运用大数据进行决策的这一观念，才能使大数据技术融入公共决策中来，增强决策的科学性，降低决策的成本。

### （二）政府决策过程存在制度障碍

首先，我国政府在具体工作的实施过程中，各职能部门所掌控的数据还缺乏一个统一标准，这样必然会导致数据的零碎性，数据与信息独立门户、相互割裂，大多处于孤立碎片化的形态无法实现资源共享，造成了一种极大的数据浪费；其次，一些地方政府机构并未形成一种数据共享的机制，特别是基层偏远地区，互联网与新媒体的发达程度还不够，存在着信息闭塞和信息孤立等问题；最后，传统政府决策体制垂直化领导的形式，易导致各部门之间缺乏沟通配合，各自为政。传统决策机构庞大烦琐，责任分工不明确，导致决策出现滞后性，在回应社会与公众诉求时反应迟缓。这种传统体制的壁垒造成了我国政府机构决策过程中"数据孤岛化"的现象越演越烈。

### （三）政府决策组织缺乏专业人才

政府利用大数据决策的最大掣肘就是专业人才短缺。从政府决策目前情况来看，仍然是传统的关系数据库系统作为主要工具来处理公务。大数据的数据量本身具有庞大性、多样性和低价值密度等特点，它作为一种信息资产，需要全新的处理模式来达成更强的决策力和优化处理的能力。这对相关从业者的要求也相应变得更加严格，需要其具有高级分析相关领域的从业经验，如灵活应用 Map Reduce 及 R 语言等一系列技术用来统计建模和分析预测的能力。这些专业人员能够通过数据挖掘、数据库建立、分析整合和交流共享等一系列活动建立起一个完整的大数据体系，从而解决政府在面对庞大数据库时的盲目选择现象。当前从事数据分析工作的通常是基于网络信息工程的专业人士，这些人才通常对编程、硬件和软件信息管理轻车熟路，但往往并不精通大型数据的挖掘和整合，尤其是结合当下政府决策的客观背景，能够理性做出大数据分析和判断的应用型人才更是存在严重缺口，这对政府利用好大数据决策来说是一个严峻挑战。

## 三、大数据时代政府如何转变决策思维

政府基于大数据决策已经是当前社会发展的大势所趋。要提高我国政府决策的科学预判准确度、切实加强我国政府决策能力建设、促进政府决策能力现代化和数据决策体系的一体化，就要加大力度积极推进政府决策主体对大数据分析技术的主动嵌入和灵活应用。大数据让公共决策发生重大变革，给公共决策带来机遇与挑战。那么，在大数据时代，决策主体又要怎样转变决策思维呢？

## （一）树立大数据意识

大数据作为现代社会的一个客观存在，正在日益深入地影响着政府决策主体的决策，各级政府决策机构要想更好更快地做出决策，必须积极树立大数据意识。一是要主动组织各级决策机构的培训，认真领会习近平总书记关于大数据的讲话精神，让决策机构意识到大数据的重要性和利用大数据的价值；二是充分利用现有平台和数据，运用大数据技术对现有数据进行整合处理，避免出现数据浪费现象；三是在做各种决策的时候，有意识地利用大数据技术进行分析和处理，不断在实践中掌握对大数据技术的运用方法。

## （二）优化政府决策机制

首先，建立政府数据标准和共享机制。按照数据安全优先、权责统一的原则，完善相关法规和制度，明确数据使用的责任主体，打破传统体制下的数据壁垒，提高数据使用效率。其次，参照社会组织，建立数据官制度。数据官的主要职责是根据政府决策主体的现况和未来需要，建立相关决策数据库，选择大数据收集、分析和处理的相关工具，对大数据进行相关分析，并对决策提供相应的建议。最后，大数据时代对个人隐私的保护和使用已经成为一个核心问题，对隐私信息进行保护是政府的职责，进行相关的制度建设显得尤为重要。政府应该建立数据监管机构，建立健全数据信息收集和使用的法律法规。在数据监管上，坚持谁使用谁负责的模式。设立大数据审计员制度，判断数据收集的方式、分析的方法和使用的用途是否合理合法，确保政府决策过程的大数据应用安全，无隐患。

## （三）着重培养复合型人才

首先，培育大量的数据科学家、数据分析师、数据架构师。大数据的发展使社会进入了一个全新的时代，这项新工具为政府提高决策能力带来了良机，但是这种复合型人才短缺的现象使政府在面临庞大数据集时显得力不从心。其次，加强领导干部在党校的专业性培养。党校为政府、社会的领导干部输出做出重要贡献，但目前党校所开设的涉及大数据专业性分析的课程还为之甚少。若是能够将培养出的数据人才选送到公共决策的岗位上来，组成一支强有力的政府决策分析队伍，不断地考核和筛选出政治素养高、精通数据分析的复合型人才，使其在政府的决策岗位上充分地发挥出最大价值，为政府科学决策、更优质服务社会做出积极贡献。最后，政府可联合高校培养，例如在 MPA 的授课中将公共管理与信息工程、计算机软件等有关大数据的课程相结合。大数据对技术含量要求非常高，例如数据挖掘、分类整合、关联共享等，所以利用高校得天独厚的教育资源和学术氛围，对培养出复合型数据分析人才有着重大意义。大数据是一个集互联网、云计算以及物联网等诸多现代化科技于一身的综合数据处理器，政府应对大数据的技术研发给予高度重视，甚至可以将其列为政府日常公务的一个重要部分，来确保掌握核心技术并能够进行自主创新，把握信息制高点。

大数据技术的衍生标志着全球进入了一个全新的信息时代，它作为一项新工具实现了政府在决策过程中提高科学性这一愿景，体现出了大数据在改变政府决策方面所做出的贡献，不仅提高了政府决策效率和效果，且将赋予政府新的生机与活力。在大数据融入政府决策的同时，我们应该意识到最大障碍并不是领先时代的硬件技术和方法，而是从决策理念和意识态度上的转变。我国政府在管理体制机制上存在着一些难题和制约，传统决策模式对决策主体也存在着束缚，如何使庞大的数据集变成有价值可利用的数据资源，并且能够推陈出新地利用好大数据这个新工具来构建政府大数据决策支持系统，还需多鞭策促进各级地方政府、社企组织及科研院所，加大力度应用大数据辅助决策，以更加敏锐的眼光和积极开放的态度把握住经济社会发展态势，更好更快地实现我国政府公共决策的科学化、现代化。

# 第四节　大数据挖掘在电商市场中分析与决策的应用

按照 CNNIC 在 2018 年发布的中国电商市场相关购物报告，我国 2018 年在电商市场中的消费额在社会所有消费额中占据了 18.9% 的比例，为 5.48 万亿元，仅 B2C 交易额就有 3.05 万亿元。客观来讲，电商市场的飞速发展和我国的政策存在密切关系。因此，研究电商市场分析与决策应用大数据挖掘的策略具有现实意义。

## 一、当前大数据挖掘概况

目前，大量学科领域都对数据挖掘技术进行了应用。大数据挖掘这一技术暂时没有明确的定义，相关学者提出，大数据挖掘是对数据包含的知识进行挖掘，这种表达方法无法将其含义充分表示出来。从广义角度看，大数据挖掘应是具有一个包含动态流入系统、Web、数据库的信息库，能够挖掘出海量数据中的趣味模式，找到有趣的知识。从技术角度看，大数据挖掘主要是在模糊的、不完全的、大量的随机设计中将隐含信息提取出来的过程，这个知识有一定的约束与前提条件，需要在一定环境领域下才具有相应实际价值。对大数据挖掘主要数据源来讲，既可以是非结构数据形式又可以是结构化数据形式，结果能够充分使用到信息分析、优化查询、过程管控、支持决策等多个方面。从贸易角度看，大数据挖掘的主要分析对象在商业数据库中，借助分析、转化、抽取等多种技术，对关键信息进行提取与搜集，提供商业决策所需的支持。

## 二、电商市场分析与决策应用大数据挖掘的策略

### （一）大数据挖掘在电商市场分析与决策中的主要功能

通常来讲，大数据的主要功能包括关联分析与概念描述、聚类分析与分类预测、演变分析与离群点分析等。

#### 1.关联分析与概念描述

大数据能够根据挖掘规则，找到具有依赖性的、符合特定条件的关系，这种分析方法通常应用到电商市场购物篮相关问题，对各种商品间的内在关系进行研究，对用户平时购买习惯展开分析，找出用户在购买一种商品时还购买的其他商品，以此来进行电商市场决策的调整。与此同时，概念描述一种带有描述性质的数据挖掘，借助数据的分类和特征化进行数据观点的对比、总结。概念描述并非一个数据列表，而是要借助对比、汇总等多种方法进行数据概念的描述。数据特征化指的是对特征概要、目标数据进行一般描述，其输出方式包括线图、条形图、饼图等。除此之外，数据分割指的是总结和剖析目标数据的一般特征。

#### 2.聚类分析与分类预测

聚类分析并非标记类型的大数据集，其分析不会对类标号进行考虑。通过聚类分析没有标记类型的数据，能够获得组群数据类标号。借助最小化类与最大化类的基本相似性原理来进行需求对象的分析，实现对象高相似性的簇聚，并对其他簇的对象进行区分。分类预测主要基于特定技术的运用来进行未知类标号数据的探究，对数据概念模型的区分与描述进行辨别，将数据对象预测类标记进行分类，从而实现一些未知数据的预测。

#### 3.演变分析与离群点分析

演变分析可以描述特定对象伴随时间变化产生的行为趋势与规律，如序列周期模式匹配、类似性数据分析、时间序列分析等。而离群点分析是一种对大数据集的分析，可以找出对象数据的模型异常、一般行为，离群点的分析和聚类分析具有较高的相关性，但是服务目的有所不同，聚类分析注重多数相似的数据集中模式，按照对象要求进行数据的组织归类，不过离群点的分析注重偏离多数模式的异常现象分析。

### （二）应用大数据挖掘的具体策略

大数据挖掘应用到销售平台的优化、增值业务的拓展、产品的服务管理、用户的精准定位、客户群体的稳定、广告的准确发布等方面。

#### 1.销售平台的优化

在电商市场中，设置电商平台与网站的页面极为重要，平台、网站呈现的内容会对用户交易、访问等行为产生直接影响。从这个角度来考虑，将大数据挖掘应用到电商市

场中用户浏览、登录的各种电商平台，可以对用户访问习惯有一个深入的了解，提供给电商市场平台与网站所需的参考内容。电商网站借助用户下单、访问的记录调整电商网站内容与结构，比如把交易量高、点击量多的电商产品放在电商市场平台与网站的首页，在吸引用户注意力的同时激发其想要点进去的欲望。与此同时，利用大数据挖掘用户的各种电商市场浏览数据，能够充分结合用户期望值与网页关联性，把用户更期望的导航链接添加于界面中，对电商市场的服务器缓存进行科学的安排，使服务器响应消耗的时间减少，并提升用户群体的满意度。

2. 增值业务的拓展

若电商平台得到的用户数据达到一定程度时，能够构建一个完整的用户数据库，对这些电商市场的用户数据展开分析能够使商家为用户有针对性地提供相似电商产品，用户感兴趣并购买后就能够提高商家的收入。目前，很多电商市场的平台与网站都在借助大数据挖掘来进行新应用的开发，如淘宝的数据魔方；而一些商家未进行大数据挖掘，使新业务开发难度大大增加，如消费信贷。若运用大数据挖掘，找到电商市场中潜在的数据价值，就能够对新业务展开更有效的开发，如阿里集团的小额信贷。

3. 产品的服务管理

大数据挖掘能够为商家在电商市场中进行精准决策与营销提供方案，借助对应用户的需求来生成订单，然后以用户反馈来改进其电商产品。与此同时，运用大数据挖掘来分析用户数据可以让商家对决策与营销进行合理化改动，如调整库存、调整价格等。若商家可以准确地分析电商市场中的用户数据，那么就能根据分析出的用户需求挖掘潜在的上级，比如对用户喜好这种潜在信息进行分析时，能够让商家的电商服务与产品质量大大提升，使商家在电商市场中提升竞争力。

4. 用户的精准定位

借助大数据挖掘，能够对电商市场中各种用户进行精确定位，使电商营销更具针对性。对于电商市场的发展模式来讲，挖掘用户数据即为精确定位与细化电商市场，通过对用户的针对性选取来营销。大数据挖掘会寻找、加工、处理海量用户在交易过程中产生的各种信息，发现用户群体消费习惯与兴趣，从而对用户群体接下来的消费行为展开推断与分析，然后制订对这些用户的电商营销方案。和原有的营销方法相比，基于用户特点的电商营销可以节约大量成本，让电商营销价值大大提升，将有较高忠诚度的消费者牢牢锁定，从而在电商市场中扩展优质电商消费资源。与此同时，对用户进行大数据挖掘，商家可以对用户价值高低状况进行区分，根据其价值等级进行电商市场决策，并实施不同电商销售举措，给商家带来更多的经济效益。

5. 客户群体的稳定

在电商市场分析和决策中运用大数据挖掘，能够有效稳定相应客户群。借助大数据挖掘电商用户，能够对用户喜好进行全方位、多角度的分析，从电商平台中将客户关系挖掘出来并保持稳定，并在各种数据中重点分析客户资源，把所有用户按照不同习惯、兴趣、交易背景来划分，以预测用户行为的方式全面挖掘潜在消费者，及时维护现有的电商市场客户关系。如果用户具有高价值，应适当提供一些附加服务，让电商市场的客户源更为稳定。通过大数据挖掘来分析、预测用户十分重要。例如，某用户购买了一款高档手表，并对该产品做出了较好的评价，于是会向自己的亲朋好友推荐，无论亲朋好友是否有兴趣，或多或少都会前去浏览该商品，从而让电商市场的客户群体进一步扩大，获得了更多的潜在客户。通过这种客户群管理，商家可以利用大数据挖掘在电商市场中挖掘到更多客户，进一步稳定和改善与客户间的关系。

6. 广告的准确发布

进行大数据挖掘可以通过电商用户的各种数据充分分析用户消费点所在，提供给商家广告宣传方向，把广告投入电商市场中用户消费相对较高的部分，让商家个性化的电商营销得以实现。应以用户的数据库为基础，构建一个电商市场概率模型，计算用户交易的概率，然后以广告获取情况对潜在客户、真实客户进行明确。对用户的广告反应进行观察和分析也能给商家广告投放时间提供积极参考。借助这样的概率分析，能够通过大数据挖掘并计算一个关键词，商家可以按照该关键词来优化广告。

总而言之，研究电商市场分析与决策应用大数据挖掘的策略具有十分重要的意义。相关人员应对当前大数据挖掘有一个全面的了解，掌握大数据挖掘在电商市场分析与决策中的主要功能，并将大数据挖掘充分应用到销售平台的优化、增值业务的拓展、产品的服务管理、用户的精准定位、客户群体的稳定、广告的准确发布等电商市场分析与决策的不同方面，从而促进电商市场的平稳发展。

# 第五节 大数据时代人工智能技术辅助检委会决策应用

2018年1月，最高人民检察院印发《关于深化智慧检务建设的意见》，电子检务工程建设成效写入《数字中国建设发展报告》。电子检务工程和智慧检务建设应用逐步深化，以大数据为背景和方法对人工智能技术辅助检委会决策尚处于起步阶段。本节以深化智慧检务建设为基础，以大数据的建设和人工智能技术应用为重点，通过探索"人工智能检委会工作"新模式，加快人工智能技术辅助检委会决策智能化，推进智慧检务建设创新发展。

## 一、检委会决策智能化建设的重要意义

### （一）检委会决策智能化是检委会职能定位的必然需要

1. 检察机关重大事项的决策机构。检委会是检察机关的决策机构，主要任务是就检察工作中的重大案件或其他重大问题进行讨论并决定，其讨论决定事项的范围具有法定性，诉讼法中也有明确规定其决定的事项具有法律效力。为此，人民检察院制定了《检察委员会议事和工作规则》，从议题提请、审议、执行和督办等方面进行了明确的规定，以保障检委会决策的科学性和法定性。

2. 检察机关的业务决策机构。检委会的职能作用主要体现在业务决策、宏观指导和内部监督三个方面，在推进科学决策、实现司法民主、促进司法公正、强化内部监督等方面发挥着重要作用。检委会的活动内容既具有法定性，也具有业务性，具有很强的专业性要求。

3. 在检察长主持下贯彻民主集中制原则的合议机构。《检察委员会议事和工作规则》对检委会委员数量、议事程序、决策规则等进行了详细的规定。因此，检委会是在检察长主持下按照民主集中制原则讨论决定重大业务事项的决策机构，在当前司法改革的新形势下迫切需要以智能化技术辅助检委会科学决策。

### （二）检委会决策智能化是大数据和人工智能应用的迫切需要

1. 有助于实现检委会工作数据化。检委会智能化把大数据技术和思维运用于数据输入和决策输出中，有效盘活数据资产，形成检委会工作的"大数据"。通过"大数据"梳理评估，总结检委会的办案经验和规律，既有利于完善和发展检委会工作，强化委员的业务素质，防范自身表决权和裁量权的滥用；又有利于指导员额检察官的办案工作，弥补员额检察官办案水平的短板，实现以信息化推动数据化。

2. 实现网络化运行。检察长及委员、案件承办人、检委会办事机构人员，分别依据各自权限进入系统，进行会前准备、会中审议表决、会后反馈督办等操作，通过网络平台和信息技术将议事规则的"软约束"变成网络运行的"硬要求"，实现传统会议方式向数字会议系统转变。

3. 有助于实现检委会工作智能化。整合数据汇总、趋势分析、自动排序、智能提取、智能转换等功能，是深化智慧检务建设的必由之路。引进智能语音识别文字转换技术，实现会议审议和检委会记录的高效化；委员可以定制个性化查询方案，分析研判、智能关联，推送参考案例和关联法规，为分析问题症结、评估案件质量、准确决策提供技术支持，使检委会数据升级为"智库"，提升检委会审议工作质效。

### （三）检委会决策智能化是检委会子系统上线运行的现实需要

运用信息化手段强化检委会业务管理，将检委会信息系统与业务部门、综合部门信息系统打通，实现数据互联共通，打破部门之间的信息隔阂，建立检委会智能数据库辅助检委会决策。依靠信息辅助分析系统，将检委会及各业务部门之间的动态数据信息进行整理、分析，深度挖掘系统内共享的信息资源，全面跟踪、掌握办案工作情况，准确把握业务工作规律和发展态势，为委员决策提供准确、科学的决策依据。建立委员履职系统，按照检察长、专职委员、委员身份建立委员履职档案，作为业绩考核、案件质量责任追究、干部使用任免的重要依据。通过网络平台和信息技术，将议事规则的"软约束"变成网络运行的"硬要求"，实现管理科学化、考核透明化。

实现高效化组织。议事系统通过与统一业务系统连接，可以实现与委员的信息互联，方便发送事务性信息。委员通过用户名登入系统即可完成电子签到并参会，可以自主查看议题材料，并通过系统提供的表决窗口对议题进行表决，系统能自行统计并迅速显示表决结果，自动生成完整的会议及各项议题的台账、档案。

实现精细化审议。对于案件类议题，系统自动获取或上传电子卷宗及主要证据材料，便于委员们在会前准备、会中讨论随时翻阅，克服了以往信息掌握不全、案卷传阅不便、会中实时查找证据不便的问题。同时需预留相应系统接口，增加智能语音录入系统、智能辅助办案系统、语音阅卷示证系统、类案判例推送系统及上级院检委会对下级院检委会视频对接，持续推进检委会子系统的升级完善。

## 二、人工智能技术服务检委会决策的重点内容

### （一）运用信息采集智能技术，加强会前审查

采取信息化手段实现上会案卷自动扫描、上会信息网上自动流转等，实现检委会会前、会中、会后程序全程无纸化运行，推进由传统会议方式向数字会议系统转变，全面提升检委会工作信息化水平。会前将案件的汇报材料或者事项的文件草案送达检委会委员以及其他列席检委会会议的人员，便于委员在会前准备、会中讨论随时翻阅案卷，克服了以往信息掌握不全、案卷传阅不便、会中实时查找证据不便等问题，节约了办公资源。与此同时，通过信息化手段优化会前实体审查工作，筛查不符合检委会会议条件的案件、事项，并精准概括上会案件的争议点、重点，对案件提出全面、正确的适用法律的咨询意见，有效发挥检委会办公室的参谋作用，提升决策效率。

### （二）运用信息交互智能技术，服务会议审议

针对检委会子系统模块设置人性化不足的问题，加强检委会子系统与统一业务应用系统其他子系统（如案管电子卷宗系统、公诉办案系统等）的深度融合，并探索与其他

功能性软件配套使用，发挥系统集成优势，大幅度提升人机交互界面智能化水平。在会议审议环节通过"检务通"、同步录音录像、语音识别系统、多媒体示证等智能化系统软件，实现会前即时通知、会议签到、远程视频会议、对检委会会议审议过程进行同步录音录像、语音识别智能记录、会议记录查看修改、会议即时表决、自动归档等，推进检委会会议审议工作规范、高效开展，达到提升会议效率、对议事过程进行监督的目的。同时，可运用远程视频会议系统，实现上下级检委会内部会议系统的互联互通。上级院可通过系统对基层院检委会会议进行旁听，实时监督会议进展情况，及时提出旁听意见，实现检委会议事工作的规范化管理，确保检察委员会高效高质决策。

### （三）运用信息提醒智能技术，跟踪会后执行

检察委员会的决议决定必须坚决贯彻执行。通过智能化的方式有效服务会后决议执行和委员监督，及时向承办部门发出提醒或预警，要求在指定的工作期限内反馈办理情况，强化办案部门与检委会办事机构间的流程对接，保证案件及时处理、事项落实到位。委员可通过系统跟踪监督检委会审议结果和决议的落实情况，对检委办工作、会议审议情况进行回顾检查，提升督办效果。发现擅自改变或者故意拖延、拒不执行检察委员会决定的，按照有关规定严肃追究责任，坚决维护检察委员会决策的权威性。

### （四）运用信息数据智能技术，强化集体学习

通过"检务通"、检察内网、检委会系统等创新集体学习方式方法，依托在线学习平台强化委员的在线实时学习、互动交流。突出学习重点、丰富学习形式、建立检委会学习资料库，加强对重大检察业务、司法改革重大部署的学习。注重整合全网资源，收集汇总法律法规、司法解释、专家辅导、主题发言、专题研讨等音像视频学习材料，为委员有效履职提供有针对性的个性化服务，并依据系统记录强化学习考核，不断提升委员的法律水平和议事议案能力。

### （五）运用检委会智能数据库，规范业务管理

有助于实现检委会工作科技化。借助科技手段，实现数据信息共享，改变了以往会前需要复印大量纸质材料、会后又需将材料统一收回销毁的做法，无纸化办公节约了办公资源。参会委员在会前可在系统内对讨论案件的电子卷宗和相关文书予以摘抄、批注，为准确、客观、全面地把握案情奠定坚实的基础。

## 三、人工智能技术服务检委会决策的实现路径

按照"顶层规划、统筹协调、重点突破、分步实施"的发展路线，通过推进一体化网络体系、大数据中心、智慧支撑中心和智慧检务体系建设，打造"一网、两平台、三大系统"的检委会智能决策总体架构，确保检委会决策的准确性、科学性和权威性。

## （一）依托检察专网规范运行

检委会系统依托全国检察机关统一业务应用系统，为检委会讨论研究重大疑难案件、审议讨论重要文件及研究审议其他有关检察工作的问题等提供全方位的智能管理。要全员、全面、全程规范使用统一业务应用系统，依托赛威讯浏览器检委会子系统正式版，从检委会委员到检委会办事机构，从议题提请部门到决议执行部门，都要严格遵照统一业务应用系统、检委会业务的使用指引，按时完成各自流程节点操作，确保信息录入、报送审批、文书制作、督查督办、纪要备案等各项工作及时准确地在网上完成。检委会议事系统能实时、准确地记录各位委员的会前准备情况、检委会参会情况、发表意见及表决情况等信息。根据检察长授权，可通过系统统计委员一段时期的履职情况，并以柱形图的形式进行直观展示。检委会子系统内数据具有不可更改性，检察专网上全程留痕，可以严格规范会议程序，倒逼基层院规范检委会流程。

## （二）搭建智能辅助决策平台

检察大数据决策支持平台。检委会工作经过"数字化""网络化"和"信息化"，必然向"智慧化"阶段迈进。当前要夯实电子检务工程，筑牢"智慧检委会"根基，进一步打通数据壁垒，构建全业务数据库，通过大数据分析和可视化展现技术，形成检察机关"人、事、财、物、策"全景态势，通过自然语言处理、机器学习等技术，挖掘数据规律，实现针对不同热点、业务主题的数据分析成果的可视化呈现，为辅助检委会决策提供技术支持。坚持以检察大数据为战略资源的设计理念，构建电子检务综合资源库规范，构建以主体信息、身份信息、行为轨迹信息、涉案资产类信息、重点工程类信息为基础的综合信息资源库，形成规范统一的可共享资源。建立一套可共享、可分析的大数据平台支撑软件，涵盖电子检务相关信息数据的采集、传输、储存、研判、搜索、反馈，以满足检察机关高效、快速、高质量的业务协同和信息共享为需求，对数据进行转换、汇集、规整及质量监控，最终通过综合查询展现、数据统计分析、数据挖掘支持决策等应用形式加以利用，依托检察大数据的业务协同和数据共享及分析决策提升检委会工作效率和决策能力。目前广东省已将全省政法大数据分析应用系统移植到省政法网平台供全省政法单位使用，建立了大数据资源管理平台，汇集检察机关内部及其他政法单位信息数据，为开展检察大数据深入分析奠定了基础。当前要在全面完成电子检务工程"六大平台"建设任务的基础上，坚持以智慧检务建设为抓手，大力推动大数据分析和共享协同应用，积极探索检察大数据辅助检委会决策工作。

检察决策专家智能咨询平台。探索建立检察委员会决策辅助机制，进一步提高检察委员会决策的质量和效率。可以考虑以现有检察业务专家、检察业务骨干队伍为主，适当吸收部分专家学者参加，成立以若干专业研究小组为载体、非常设性的检察委员会为决策辅助机构。在检察委员会专职委员的组织下，对政策性、专业性较强的议题或者意见分歧、复杂疑难的案件，进行法律政策和司法实务研讨，参与检委会研究案件讨论，发表参考性意见。还可以运用预留端口，采取远程视频会议形式，邀请法学专家和检察业务专家参加讨论发表意见，切实提高检察委员会决策的科学性、针对性和实效性。

### （三）完善三大智能辅助系统

智能语音辅助系统。智能语音技术是一种运用新思维、新理念和新方法助力实现"智慧检务"的重要科技手段。检委会主要通过录播系统实时记录会议过程，目前会议纪要的记录以人工记录为主，已经在实践中积累了大量的音视频、文档数据等档案资料。传统的基于人工、键盘交互的方式，会议纪要整理时间长、会议中心思想因记录人员的理解可能出现偏差、会议录音及关键点难以查找等问题，其较低的工作效率已经难以满足当前信息化时代背景下的工作要求，同时无法对大量音视频文件内容进行深度应用。拓展检委会会中程序预留的语音录入端口功能，安装运用"讯飞"智能语音识别软件，减少了检力资源在事务性工作中的投入，提高了工作质量和效率。智能语音技术可以对音视频、文档等非结构化数据的检索及内容进行深度分析，进一步提高数据的利用价值，提升检察办公办案的智慧化。

智能辅助办案系统。检委会智能化建设应当摆脱多头开发的粗放式发展阶段，充分发挥办案业务部门、法律政策研究部门、信息技术部门各自优势，组织跨部门、跨层级的科技团队，形成有效合力，共同研发"微程序"，开展"微创新"，助力"微改革"，整合信息资源。依托大数据、机器学习等现代科技优势，帮助检委会委员快速准确地获取所需要的知识和信息，实现对检察业务的深度理解和准确把握。根据案件名称智能判断案件所涉及的罪名，并按照最新的法律法规、司法解释、会议纪要等自动关联显示，实现法律条文智能匹配。以 OCR 识别技术为支撑，对案件简单信息自动识别，以及犯罪嫌疑人供述、主要证据、鉴定结论等电子卷宗内容的快速检索，帮助检委会委员快速定位卷宗内容，实现电子卷宗智能分析。在检委会研究案件过程中，根据涉嫌罪名用关键词匹配方式，通过类案检索和法律法规智能推荐等途径，准确地帮助委员找到相关案例并附适用法律条文，实现案例库自动关联。

智慧知识库系统。智慧知识库是面向检委会委员的一个生态型数据库，包括法律知识数据库、综合知识数据库和法律文书数据库。法律知识数据库包含了所有的法律法规、司法解释、会议纪要等法条类数据，也包括检察机关案例库，能够与检委会讨论案件实现自动关联，提高检委会议事议案效率；综合知识库包括检察机关业务工作流程与方法、案件办理程序性规则、办案所需要的知识体系以及其他抽象方法论集合；文书数据库包括检委会常规的文书、报告、汇报的格式、提纲、模板等内容。当前要打造"检委会大数据"工程，加强对检委会动态工作数据的分析和掌握，上下级检委会之间要搭建"数据桥"和"数据链",改变以往层层汇总数字的"单线联系"套路,实时共享共联委员信息、议题信息、学习信息等信息资源,并从中筛选、提取、分析有效业务数据。智慧知识库能够实现人机共同演进,随着检委会工作水平的不断提升,智慧知识库将会变得更加人性化和智能化,帮助检委会委员更好地解决实际工作问题,实现检委会科学决策、准确决策和智能决策。

# 第六节　大数据预测与决策在高校就业工作中的应用

进入 21 世纪,随着计算机、互联网技术、云计算、移动终端、数据储存方式的高速发展,大数据时代已经来临。大数据改变了人们的思维、生活习惯,帮助人类创造更大的价值。与此同时,大数据时代给高校毕业生就业工作也带来了新的变革。本节通过分析大数据应用在高校就业工作中的重要意义,探讨大数据在就业工作中的应用模式,以期大数据应用为高校毕业生提供更加个性化、精准化的就业指导服务。

在大数据时代,高等教育面临着一次重大的时代转型,更是关乎毕业生本人发展前途、国计民生和社会和谐的高校毕业生的就业工作。如何充分挖掘和利用大数据,加强预测和提升就业工作服务水平与质量,是当前值得探讨的课题。

## 一、大数据应用在高校就业工作中的重要意义

随着高等教育大众化、普及化,高校毕业生人数逐年增加,以近三年的数据为例,根据国民经济和社会发展统计公报,2013 年普通高等教育本专科毕业生 638.72 万人,2014 年 659.37 万人,2015 年达 680.9 万人,屡创历史新高。高校毕业生人数日益增多,使更加严峻的就业形势引起了社会各界的广泛关注,同时也给高校的就业工作带来了巨大的压力和挑战。借助大数据的处理和分析功能,可建立多层次、多功能的就业信息服务体系,加强就业信息统计、分析和发布,提供个性化就业指导和政策咨询服务,落实《2006—2020 年国家信息化发展战略》文件精神,提升就业工作效率与服务质量。

### (一)预测就业形势,为毕业生提供精准化的培养和就业指导服务

大数据的核心是预测。通过采集全体数据,筛选出有用信息,并对其进行整合、关联分析,挖掘数据的潜在价值,把握就业新方向,从而做到预测就业形势变化、行业走向和入职匹配情况,为毕业生提供精准的就业服务。获取全体数据之后进行及时准确的分析和整合,精准发现就业服务的着力点,并提出精准预测,才是目前就业工作面临的最大挑战。在就业相关数据快速增长的形势下,数据分析的时效性也是就业工作的重点,事前的精准预测也将比事后统计描述更加重要。前瞻性的工作能更加有效地提升毕业生

就业的质量，同时高质量的就业数据也将为招生、教学提供反馈与支撑。

### （二）促进就业工作质量的提升

通过掌握毕业生求职、就业过程的实时信息，及时发现问题、分析需求，并提供精准就业指导；通过对招聘企业面试、录用过程的跟踪调查，挖掘数据潜在信息，找到用人单位的录用规律，清楚就业动向。对全体相关数据进行及时收集、整合和关联分析，有效推动高校就业工作的开展，提升就业服务的个性化与精准化，强化就业工作作为高校优化人才培养方案、调整专业布局、优化招生的重要参考依据，从而更好地实现服务社会的功能。

## 二、基于大数据的高校就业工作模式

运用大数据分析技术挖掘就业全体数据的潜在价值，提升高校毕业生精准就业服务工作的水平，这也是大数据背景下高等学校精准就业服务工作新的重点。大数据在高校就业工作中的应用，主要是针对相关群体或对象的全体数据集合，包括应用识别、收集、存储、分析、挖掘等相关技术，实现对大数据这一"未来的新石油"的提纯与精简，并依托可视化技术，形成从数据整合、分析、挖掘到展示的完整闭环，帮助高校就业工作人员更好地通过数据发现问题、解决问题、预测问题。

结合实际工作，笔者认为，大数据背景下的高校就业信息应建立以下三个数据库：毕业生基本信息数据库、就业市场信息数据库、离校毕业生跟踪服务数据库。这三个数据库提供的全部数据，共同保障就业工作数据的收集、识别与存储。在这三个数据库的基础上，建立信息分析系统、就业平台系统和信息联动系统，从而实现数据的分析与使用，达到精准预测就业趋势、准确提供个性化就业服务、优化高校人才培养模式的目的。

### （一）数据收集

对毕业生数据的收集，高校就业指导部门应主动汇总学籍信息、学生的图书借阅记录、社会实践活动、实习应聘情况、师生评价、消费情况、学生的兴趣爱好、就业意向和能力发展情况。

对用人单位数据的收集，主要包括用人单位官方网站，工商、税务部门登记的公司规模，社保管理机构的薪资数据、岗位变动情况、职级变动等人力资源数据，毕业生签订的就业协议书、毕业生学生的评价以及社会评价。

在所要收集的数据中，既有结构化数据，也有非结构化数据。为便于对接信息分析系统，结构性数据要通过打通学生学籍系统等学生管理系统，实现数据的自动更新与提取，非结构化数据（如评价、网络行为、消费情况等以图片、数据流存储的数据）则由系统从指定来源（如官方网站、网络社区、微信、搜索引擎等）自动收集所需数据。

### （二）数据分析与使用

通过全面整合、分析宏观经济状况、用人单位招聘岗位需求，信息分析系统可以对就业形势做出初步判断；通过对比历史同期数据，分析就业岗位的增减情况、平均起薪，系统能够预测就业市场的新变化和不同行业的发展前景。

信息联动系统能通过分析用人单位的招聘简章，调查用人单位对毕业生的评价，通过对比分析往届高质量就业学生的特点、就业困难学生的特点，比较在校学生的相关属性，及时优化人才培养方案，有意识地纠正存在的问题。

此外，系统还可以根据毕业生投递简历的数量、简历中标率、应聘岗位的专业对口情况和消费规律等数据，筛选可能存在的就业困难毕业生，分析其求职过程中存在的问题，预测其求职行为。就业工作人员可以依据系统提供的数据，找到真正的就业困难毕业生，引导其正确认识个人能力与心仪岗位需求的差距，及时有针对性地进行心理辅导、求职指引及经济补贴等帮扶措施。想创业的学生，则可以通过系统数据为其提供可行性分析，预测目标行业的发展前景。

## 三、大数据应用于高校就业工作应注意的问题

借助大数据相关技术，对于数据的使用及相关工作，高校将能很好地实现从人工整理、分析向自动挖掘、智能检测、精准预测的转变，从而实现高校就业工作的全面升级转型，真正实现全程化、精准化和个性化的就业服务。但在应用过程中，还有一些亟待解决的问题。

### （一）隐私信息的保护

就业相关数据库中存储着大量的毕业生私人信息、用人单位的敏感数据。高校一方面要制定信息管理的相关制度、做好信息系统及数据库的安全防范工作；另一方面要对接触到大量隐私信息的就业相关人员进行保密工作教育，增强其有效保护和识别隐私信息和敏感数据的意识。在公开发布信息时，原则上只公布汇总分析后的结果，不对外提供任何形式的原始资料。

### （二）数据缺少交互，无法共享，制约了大数据在就业工作中的应用

目前，高校所能接触并使用的数据是远远不能满足就业工作大数据分析的需求的。政府机构和社会组织在管理过程中，存储了大量与就业相关的数据资源，这些数据更有说服力，样本群体覆盖面较广，能较准确地预测就业行业的发展前景，但由于数据缺少交互、无法共享，无法对就业工作提供借鉴。因此，高校应积极向教育行政部门提出共享数据方案，争取早日与相关部门实现数据对接，实现社会大数据融合，实现信息互通共享，进一步提升就业工作服务水平与高等学校社会服务水平。

高校毕业生就业工作不仅关系着毕业生个人发展前途，还关系着社会的和谐稳定。

自高校扩招以来，高校毕业生人数与年俱增，近几年来持续出现"就业难"现象；另外，在就业市场中，用人单位常常反映难以聘请到适合的人才，出现"招工难"的现象。"就业难"和"招工难"并存的现象，充分反映了高校毕业生就业乃至整个中国就业工作的症结不在于有效需求不足，而在于就业结构不合理。将大数据相关技术应用于高校就业工作，能够更好地分析人才市场供需不匹配的现象，进而引导毕业生调整就业心态，促进高校人才培养模式的改革，提升高校就业工作的质量与效率。高校就业工作人员应持续丰富所需数据的来源，提高数据资源的整合和分析能力，不断挖掘数据之间的关系，更加精准地预测就业市场的变化和学生就业趋势，保障就业指导工作的针对性、时效性和科学性。

## 第七节　大数据在基础教育管理与决策中的应用

进入大数据时代，基础教育管理和运行迎来了更多的发展机遇，基于大数据的预测、分析将逐步融入基础教育管理和决策中。大数据技术和思维将影响基础教育管理与决策的各个环节，影响基础教育发展规划，改变基础教育教学评价体系，甚至在基础教育教学思维中产生深远的影响。基础教育管理工作者应主动研究和思考，以积极的态度迎接大数据时代的来临。

全球知名的麦肯锡咨询公司提出"大数据"（big data）的概念后，近年来大数据已成为描述信息时代技术发展与创新的标志，基于大数据的管理与决策已经渗透到许多行业领域，成为创新驱动的重要因素；基于大数据的运用和挖掘，人们可以超越传统经验管理和决策方式，可预期更高效率的管理和决策得以实现。大数据作为一大颠覆性的技术革命在电子商务、军事、金融等学科领域已经取得突破，而在基础教育中的管理与决策领域的应用才刚刚起步。而如何挖掘和应用数据资产为基础教育的管理和决策提供高质量的服务，是教育主管部门和中小学需要深入研究的重大课题。

### 一、管理与决策进入大数据时代

当前，人们越来越多地意识到大数据在管理和决策中的重要性，管理和决策将更多地依靠大数据做出分析和判断，而并非习惯基于经验积累和直觉判断。美国哈佛大学社会学教授加里·金说："这是一场革命，庞大的数据资源使得各个领域开始了量化进程，无论学术界、商界还是政府，所有领域都将开始这种进程。"从基础教育的角度来看，均衡教育资源、制订中小学招生计划与政策、教学运行管理、管理思维方式、家长互动、学生学习行为引导、教学评估等都有大数据施展的空间。大数据可以为基础教育提供准确的预测性判断，使有效公共教育资源供给决策与评价，同时也满足部分特殊群体的个性化教育需求，提供符合教师特质的教育教学水平培训与辅导。

引入大数据进行管理与决策，必须有足以支撑进行数据分析的数据来源。涉及基础教育管理与决策的数据除了来自政府机构、教育主管部门、学校、社区、媒体以及其他社会组织等产生和公布的信息外，更多地依赖于各种网络终端等所产生的数据。中国互联网络信息中心（CNNIC）发布的第 33 次《中国互联网络发展状况统计报告》显示，截至 2013 年 12 月，中国网民规模达 6.18 亿，互联网普及率为 45.8%。其中，手机网民规模达 5 亿，年增长率为 19.1%，并继续保持稳定增长。中国互联网呈现发展主题从"数量"向"质量"转换、互联网与传统经济社会结合、影响力度更加紧密深远等特点。无论网民通过什么终端参与网络活动，都会产生相应数据，这些数据为预测、判断目标人群的行为、心理提供了支撑。比如大型赛事组委会就可以通过大数据模拟和预测各场比赛的人流、交通、治安变化，制订各种工作方案。百度在 2014 年春节启动基于大数据的"迁徙图"，在没有大数据支持的情况下，数十亿人次春运迁徙被准确且形象把握，而通过百度 LBS 大数据技术，就可以看到实时的迁徙线路。热播美剧《纸牌屋》的内容发行商基于其 3000 万北美用户观看视频时留下的行为数据，预测出 David Fincher、Kevin Spacey 和 "BBC 出品" 三种元素结合的电视剧将会深受欢迎，由此决策拍摄《纸牌屋》。因此，基于大数据的管理和决策更能迎合公众的需求，"大数据" 在分析方法和决策过程中突破了人们习惯的思维方式，基于公众需求的政策和服务是现代技术条件下的 "私人订制" 创新产品，基础教育的管理和决策推出 "私人订制" 模式必然受到社会各界包括中小学校教育工作者的欢迎，也是基础教育事业的颠覆性变革。

## 二、大数据对基础教育产生巨大影响

从百度"迁徙图"就能看到大数据已经在电子商务、金融、交通等社会方方面面产生深刻的影响。作为社会子系统的重要构成元素，基础教育必将受到大数据时代的深刻影响。

### （一）大数据的特征必将影响基础教育的管理和决策

教师、学生和家长手机使用、学籍登记、成绩、图书借阅、各类即时聊天工具、论坛及微信微博都会产生大量数据，而且随着时间的推移会积累更多数据，这些构成了基础教育信息管理与决策系统中的数据基础之一。大数据的数据来源特征是数据量大和类型繁多，极大超越了传统的基础教育决策所依赖的数据性质，避免决策因为数据不全面而导致的 "小信息量" 决策错误和偏差。大数据的数据具有信息纯度高的特征，海量信息通过强大的云计算更迅速地完成有价值数据的提取，避免人为因素误导数据的统计和分析。另外，大数据处理速度快、时效极高，传统数据挖掘处理无法胜任的工作，大数据可以利用优化的技术架构和路线实现高效的海量信息处理。采集到的数据进行直观有效的数据库管理，通过数据采编筛选对数据库的信息资源进行编辑加工、统计分析、信息监控、定制、备份等操作。所有信息都可以转换成特定的数据库、图像、文本格式等归档存储，通过不断沉淀将采集到的数据作为历史资料、背景资料随时备用。大数据具有的这些特征使得现代基础教育管理与决策有了过去无法比拟的技术支撑，也拓展了全新的基础教育发展的空间与潜力。

### （二）大数据对基础教育管理核心环节的支撑

我国基础教育政策的产生与执行更多地是由上而下进行推动，这种模式使基础教育政策具有严肃性和刚性，在特定阶段对推动基础教育发展发挥了巨大的作用。而随着社会经济的快速发展，在基础教育资源未能完全满足全社会期望的情况下，矛盾自然产生了。基础教育管理各个核心环节，常常需要精准的数据描述过去、现状和未来。比如，合肥市进行中小学学区调整，这需要人口数量、师生比、人口结构、适龄儿童、交通状况、城市规划等大量的数据作为支撑，传统的数据来源较为单一和静态，而学区的调整更多地需要满足现有需求并保证在相当长的时间内保持稳定，传统的数据无法完成这样前瞻和复杂的任务，经验型的管理和决策也无法适应快速发展的社会需求。一个学区对应的学校容量看似刚好满足需求，很难说不是因为区域内的人口年龄结构特殊性，使得在两三年后形成入学高峰。恰恰大数据可以对复杂情况进行梳理和预判，大数据具有预测的优势，海量的数据基础上的云计算可以有效预测未来某些事情发生的趋势和可能性。并且数据积累越来越多，预测模型优化和系统改进，常规难以准确把握的中小学招生生源情况、师资培训需求、跨区域教育资源调配可以实现提前判断。

国外基础教育管理中，相关教育数据的挖掘已经成为合理规划教育资源、提高教学质量的有效手段。美国的学校通过技术公司提供的数据，分析学生的升学意愿和专业取向，提供学生个性化的辅导。通过对海量教育数据的挖掘、分析，寻找最优的基础教育政策解决方案，最大化平衡社会各方利益诉求，可实现政策酝酿到决策、执行的优化路径。我国基础教育在社会快速发展的过程中，必定面临诸多问题，比如说优质学校的招生计划和学区划分、城乡学校教育资源均等化等问题，通过大数据的管理和分析，全社会关注度极高的基础教育政策的制定、教学运行中的诸环节控制，甚至学生作业量的信息都可以掌握，从而改变基础教育管理辛苦而社会满意度低、效率低下的局面。

### （三）教与学的创新

有了大数据做支撑，过去教与学过程中很多难以破解的问题将有解决方案，教学理念与学习方法将随之产生变化。比如，标准化、产业化的教学模式影响深远，这种教学模式在现阶段有其合理性，比如基础教育强调在知识一定的逻辑起点，按照统一的教学大纲和要求，实施均质化教学，同步发展，而忽略学生的学习能力和状态。我国基础教育虽然提倡个性化教学和因材施教，但在传统的班级教学模式下要实现个性化教学存在现实的困难。大数据的运用，使教师可以在衡量学生学习效果时，不再单纯依靠频繁的考试进行，而在更广阔的空间和角度审视学生群体和个体的信息，选择最合适的学生群体教学方法和个体提高辅助教学，学生自主学习的盲目性也会因此大大减少。通过大数据相关的学习应用软件，可以分析学生目前掌握了哪些知识点、进行某门课程的学习最合适的学习方法是什么。学生的学习行为可得到实时衡量和调整，如果没有掌握某个知识点，系统重复强化。大数据应用学习还可以为学生主动推荐学习资源，在知识点之间建立逻辑联系，总结出启发式规律，设计合理的学习进度，教与学实时互动，帮助学生拓展和完善知识面与知识结构，激发和挖掘学生兴趣爱好和天赋，有利于培养学生特长，激发学生创造力。

从中小学教学管理的角度，大数据也可以发挥作用。比如，过去的教学评价中，给出的教师教学指导意见是相对模糊的定性结论，而有了大数据的支撑，通过分析学生在上课时的状态，判断学生听课过程中被哪些所内容吸引，对哪些内容不感兴趣，教师依此进行教学内容和教学方法调整。传统的教师教学评价虽然在内容上力求全面描述教师教学因素，但是在实际执行中，很难对教师师德等柔性因素进行衡量，而大数据技术的应用就可以发现异常信息，学校管理层可以进行甄别核实，对确有问题隐患的教师进行提醒和警示，对已经发生问题的教师及时采取措施。传统的教学评价的参与者是学生、同行教师、教学督导、学校领导，看似完整的评价链条可能因为参与者的心理因素而导致结果失真。大数据技术的信息来自学生、教师、家长等更宽泛的人群，结果更真实可信。另外，教学测评不再是每学期固定时间进行的固定工作，可以在教学过程进行全时段评价，实现了教学效果的动态监测。

在基础教育管理中，对中小学的各种检查评估是常规工作，这些检查涉及教学评估、校园安全、精神文明、食品安全等，每项工作都需要组成检查评估组，各被检查单位都要耗费大量的时间精力进行准备，而限于时间和人手的原因，检查常常是走马观花，检查的效果不理想。各项检查评估的目的是发现问题、督促工作、提高效率，常规的检查已经形成实际效果不佳、被检查单位意见很大、难以达到检查评估初衷的两难局面。在基础教育管理领域检查评估中引入大数据，不仅减少检查评估的工作量、减少中小学校迎检压力，更能提高检查评估的科学性，变突击检查为长效监督检查机制，从而真正实现科学管理和监督。

### （四）校园安全和舆情管理

在学生的管理中，教师最头痛的是学生不把自己的真实想法、心理状态、遇到的问题和教师沟通，教师只能凭借细致的观察和经验判断来洞察学生的细微变化，比如学生是否存在早恋、是否迷恋网络游戏或疯狂追星。极端的情况常常掩盖在看似平静的状态中，很多教师感慨"现在的学生太难管了"。大数据技术可以对学生群体和个体进行长期行为和心理状态分析，教师在原来不可能的角度观察学生群体和个体的行为变化，可以通过大量数据的分析归纳，找出学生活动的规律，借此判断学生的情绪状态和心理状态，发现异常信息及时干预，避免事故发生。

现在涉及基础教育的网络舆情和校园安全事件，大多是事后应对，难以做到提前预测、提前防范，以至于被动应对。大数据在网络舆情和校园安全综合解决方案面向舆情监测、校园安全信息、学校声誉管理、媒体信息收集等应用领域均有不俗表现。采用大数据技术后，散布在微博、微信、QQ群等各处的信息都进行集成和分析，发现异常信息的传播路径与渠道，识别出关键路径和关键节点，分析正负面信息、关注程度和人员、传播速度等，发现异常信息就实行跟踪、筛选、评估，及时将信息传递到各管理部门和学校，实现预警、处置快速跟进，实现信息的分类管理和有效管理，消除基础教育中存在的各种不稳定因素。

## （五）大数据时代的基础教育管理思维方式

维克多·尔耶·施恩伯格在《大数据时代思维大变革》中指出，大数据时代对人类社会产生深远的影响，人们放弃对因果关系的渴求，取而代之的是关注相关关系。只需知道结果，而不需要知道原因。大数据将颠覆人们已形成的思维方式，对基础教育更提出了全新的挑战。大数据能够让基础教育管理与决策更好地了解社会、学校、教师、学生各方需求，在政策制定和执行中有了提供个性化的管理与服务的基础，为基础教育带来了实质性变革。数据能告诉从事基础教育工作的管理层，每一个社区、学校、教师、学生的倾向，他们想要什么样的教育资源，喜欢什么教学方式，每个人的需求又有哪些区别和联系，如何进行分类管理和引导，从而实现教育政策制定从个体优化到群体优化。

基础教育运行需要大量的物资和外部服务，有些按照规定进行政府采购，有些各学校自行采购。由于各方面的因素，物资的规格、质量、到货时间、价格很难令人满意，而且耗费大量的时间和精力，大数据集成全球各大网站上商品和服务信息数据，然后从便捷性、实用性、适用性诸多因素比对出多种备选方案，节省了时间，提高了效率，降低了采购成本，同时也防止了腐败现象的产生。大数据还可以检测各中小学物资库存、教师工作量、教学设备和场地等资源信息，编排资源调配清单，为管理者提供校际资源调配决策意见。例如，安徽省教育厅实施农村义务教育薄弱学校改造项目——学校"畅言交互式多媒体教学系统"，该系统对提高安徽省农村地区义务教育学校教育教学质量发挥了积极作用。大数据的思维方式帮助基础教育管理部门为社会提供更好更有效的教育服务，必然赢得社会各阶层的认可。

学校教育是当前基础教育的绝对模式，政府、社会各个层面在审视基础教育时，都从适龄入学率、学区划分、升学率等传统指标考察基础教育的发展，从来没有考虑过青少年可以不进入校园，跨时空与教师进行交流和学习。但是大数据时代可能在一定程度上动摇人们已经固化的概念，传统基础教育教学模式可能会悄然改变。基于开源的课程平台，教师远程与学生实现各种教学环节是没有障碍的，随着大数据技术的发展，网络学校的教学内容、教学资源、教学方式不断优化，网络学校给传统基础教育教学带来了新思维。

## 三、大数据与基础教育管理的思考

对于大数据时代的悄然来临，基础教育应该未雨绸缪，为今后基础教育发展做好基础性工作，以确保能适应大数据带来的变化，但其中存在很多现实问题需要面对。

### （一）大数据涉及隐私权保护问题

大数据技术并非没有争议的问题，其中涉及公民隐私权保护的法律许可和技术政策。数据挖掘、云计算、大数据技术的发展无不涉及隐私权保护的问题，比如手机位置信息、网页浏览数据、用户名与密码等，甚至大型 IT 公司和网站都曾发生过泄露个人隐私或数据丢失事件。当前我国相关隐私权保护、隐私数据管理、存储与应用的法律规定尚不完善，在一定程度上存在混乱的局面。如果在基础教育管理中大量应用大数据技术，极有可能涉及教师，学生的手机通信、网络账户、音视频资料中大量和隐私有关的信息，而教师和学生反感被监视，反对隐私被挖掘，因此，大数据管理中相关问题需审慎对待，需要在法律和政策允许的框架下保护个人隐私。

### （二）大数据在基础教育管理中的局限

从云计算到现今的大数据概念出现，越来越多的行业和学者关注和研究其对社会经济产生的影响。毋庸置疑，大数据开启重大的时代转型和革新。有了大数据并非表明所有的问题都可以解决。首先是大数据人才的问题，当前，无论是省、市、县各级的教育主管部门，还是中小学校都没有建立大数据运行机构，没有适当的部门和人员能胜任大数据应用到管理和决策领域。现有的数据来源无论是质还是量都不高，数据系统建设尚未完善，对数据分析、判断、运用能力都难以支撑精确决策。没有高质量的数据来源和数据分析，难以在短时间内实现基础教育管理与决策的科学性。

任何技术都有一定的适用范围和局限性，大数据亦然。大数据并非中小学教学中的万能神器，教师的专业知识是教师展开正常教学、保证教学品质的基础，没有这些作为保障，大数据的应用就是空中楼阁。由于我国社会发展的不平衡，虽然近年来大力推动教育资源均等化，但城乡基础教育的差距客观存在，大数据可能在条件较差的乡镇学校的数据较少，难以形成支撑决策的基础信息。

## （三）技术储备与外部协作

运用大数据进行基础教育管理需要引入跨专业的人才，从而使基础教育管理与决策更完善，使研究方法更广泛。同时现有的基础教育工作者也要注重自身的培养，与时俱进，多学习一些其他领域的知识，使自身的研究领域得到完善。

大数据是大多数基础教育管理者和中小学教育教学工作者不熟悉的领域，今后需要加大人才培养和技术培训的力度，提升基础教育管理需要的整合数据、探索数据蕴含的价值和制定精确型决策的能力。基础教育教学运行中涉及各种信息，学生校内外活动信息，教师与学生、教师与管理层交互信息，城市、学区人口变化等信息，其信息量和信息处理能力远远超过现有中小学校和基层教育主管部门的技术基础和设备承载能力。现在教育主管部门大力推广中小学校信息化，这些与大数据技术的应用存在极大的差距。面对诸如 Hadoop、MapReduce、NoSQL 等技术，相关的人员难以很好地掌握运用，先行利用外部资源，开展技术合作是当前应对大数据发展的捷径。大数据需要投入服务器和存储设施建设，但为此在每个中小学或县市区教育主管部门都进行相似的设备采购就有可能形成浪费，大数据更多的是基于市一级中心系统建设，以组建市一级大数据处理中心设施为重点，避免一些不必要的设备重复采购。

## （四）基础教育管理模式和决策程序的调整

大数据进入基础教育管理和决策领域后，基础教育管理的模式和决策程序必然进行调整。传统的基础教育管理模式是教育部 → 省教育厅 → 市教育局 → 县区教育局 → 中小学校，决策程序中就算是基础信息来自基层，但决策中管理部门与基层的互动较少，一旦决策，基层和学校只能执行。而大数据技术条件下的管理，层级趋于扁平化，比如市教育局可能在不需要区县教育局参与的情况下直接掌握中小学校的信息，并在这些信息基础上进行管理。同时，由于信息传递的层级减少，效率提高，决策中就有时间与基层开展较多轮次的互动，这使得传统的管理模式和决策程序随之变化。

随着信息技术的飞速发展，大数据对社会经济产生的影响将超越技术层面，它为决策行为提供了一种全新的方法，包括基础教育管理与决策方式，而不是像过去一样更多的是凭借经验和直觉作出判断。大数据是推动基础教育发展和创新的源泉，从事基础教育管理的工作者需要进一步学习、探索相关技术和应用，才能有针对性地对大数据进行挖掘与分析，让大数据为管理与决策服务。

# 第八节　大数据在社会舆情监测与决策制定中的应用

正如科学家维克托·迈尔·舍恩伯格所说："世界的本质是数据，大数据将开启一次重大的时代转型。"大数据使社会舆情治理形态和监测方式发生了重大改变，开启了社会舆情治理的新时代。在大数据技术支撑下，社会舆情的监测分析、预警决策、应急处置和导控从分析过去发生了什么和为什么会发生，到把握现在正在发生什么，再到预测将来会发生什么，使进行自动化决策输出成为可能。实时的社会舆情事件信息、各种监测平台搜集的舆情信息、舆情监测分析报告、舆情导控措施、舆情决策、传感器信息等，都是以数据的形式存在并发挥作用。这些瞬息万变、纷繁复杂的海量信息，构成了最基本的社会舆情及其监测分析、预警决策、应急处置、导控和治理生态。拥有了对社会舆情海量数据占有、控制、分析、处理的主导权，就拥有了社会舆情"数据主权"；拥有了社会舆情"数据主权"，并将大数据优势转化为预警决策优势，继而转化为应急处置和导控优势，就实现了社会舆情监测、预警决策的科学化，就拥有了应急处置和导控的主动权，大数据的应用就实现了对社会舆情更深入的分析和更精准的预测。因此，通过大数据这种创新方式来分析过去、把握现在、预测未来，有利于提升社会舆情治理决策能力，有利于运用大数据及其技术进行社会舆情监测分析、预警和营造健康的社会舆情环境，有利于探索以大数据为基础的提升社会舆情治理决策能力和营造社会舆情环境的方案。

## 一、大数据与社会舆情治理研究的缘起：社会需求与研究局限

大数据的来源主要是互联网交易、移动终端、各种网络设备和传感器、社交媒体等，因其数据体积大（Volume）、更新处理速度快（Velocity）、数据样式多样（Variety），具有真实性（Veracity）、价值性（Value）等特征而被广泛应用于企业管理、政府管理、商业、医疗、教育等领域。大数据技术及相应的基础研究已经成为学术界的研究热点，大数据科学作为一个横跨信息科学、社会科学、网络科学、系统科学、心理学、经济学等诸多领域的新兴交叉学科方向正在逐步形成；大数据隐含着巨大的社会、经济、科研价值，引起了各行各业的高度重视，引起了各国政府的高度重视，并已成为重要的战略布局方向。大数据已经成为当前社会最热门的话题之一，同时也是学术界一个新兴的研究主题和研究领域。

随着互联网和新媒体的迅速发展，大数据带来的信息革新为社会舆情的生成、发展、演化创造了条件，为党委政府对社会舆情研判、监测、预警、应对处置、决策带来了巨

大的挑战，社会舆情诱发了大量的社会舆情事件，严重危害了社会秩序，有损党委政府的形象；同时，大数据也为党委政府进行社会舆情监测分析、预警决策和导控带来了技术优势，为大数据在社会舆情治理领域的应用提供了广泛需求。因此，对于社会舆情治理而言，大数据环境如同一把双刃剑：一方面加速了社会舆情的生成、发展和演化，加速了社会舆情的传播和社会舆情事件的生成，数据的流动性和可获取性加大了社会舆情导控和处置的难度；另一方面，大数据技术及其应用的不断成熟为采用数据分析方法进行社会舆情监测分析、预警和导控等科学决策提供了有力的技术支撑。

然而，已有关于大数据与社会舆情治理的研究，与大数据环境下推进社会舆情治理体系和治理能力现代化的要求相比还存在较大局限性，主要表现为：

第一，已有关于大数据的研究，主要从大数据作为一种时代背景来介绍和认识，从世界的本质是数据的角度将大数据理解为信息的广泛、多、庞大、海量，从技术及其应用的层面上将大数据当作一种新技术，强调了对大数据技术及其应用研究，强调了大数据技术及其应用对人类价值体系、知识体系、生活方式、管理方式和社会治理方式的影响研究。这些研究，在很大程度上起到了引导人们认识大数据及其本质的作用，向人们展示了大数据时代的特征、大数据的力量、大数据的广泛应用；也为大数据环境下的社会舆情治理、决策研究奠定了雄厚的基础，为采取数据分析方法来促进社会舆情治理科学决策提供了支持。

因此，以往对于大数据的研究，主要是围绕大数据的背景、概念、特征、重要性、数据挖掘技术、数据分析技术等内容进行研究，充分体现了技术导向的研究特点，导致人们往往把它与 IT 联系在一起；以往对于大数据的应用尚未触及或较少涉猎社会舆情治理决策领域的应用。这就需要我们在充分吸收前人研究成果的基础上，拓展大数据研究和应用的领域，将大数据与社会舆情监测分析、社会舆情预警和导控、社会舆情治理的决策方案结合起来，通过获取海量的社会舆情数据，通过社会舆情数据分析来监测、预警和导控社会舆情，从而达到提升社会舆情治理能力、引导社会主流价值观和社会舆论的目的。而这种研究，就不是仅限于对大数据本身进行研究，也不是纯粹的社会舆情传播路径和传播规律的研究，而是要充分运用大数据技术和海量的社会舆情信息，根据社会舆情生成、发展、演化和衰退的内在机理来研究社会舆情信息的获取与识别、监测、分析与预警、导控等治理决策方案，是在以往大数据研究的基础上进一步深化和拓展大数据技术在社会舆情治理决策领域的应用；这种研究也不是一个纯粹的技术方案，而是大数据技术与社会舆情治理两者的有机结合，解决的是社会舆情监测、预警、导控和营造健康的社会舆情环境等决策问题。这种研究强调将大数据、社会舆情及其治理决策三者关联起来形成一个有机整体。

第二，已有关于社会舆情及其内在机理的研究，一是分别从政治学、社会学、新闻传播学等学科视角对社会舆情的内涵、表现及本质特征进行的研究，阐述了无论是西方资本主义国家还是我们社会主义国家，社会舆情既是公众表达诉求的民主体现，又在一定程度上造成了社会影响与危害，研究成果阐明了对社会舆情要进行有效治理的必要性；二是随着移动网络技术、新媒体和自媒体形式的出现和普遍应用，网络和自媒体成为公众表达诉求的重要载体和渠道，网络舆情成为社会舆情的重要组成部分，网络舆情的研究和治理越来越引起人们的重视；三是研究了社会舆情（网络舆情）生命周期内生成、发展、传播路径、演化、衰退的过程。这些研究成果构成了大数据环境下社会舆情治理决策研究的重要基础，提供了有益指导。但是，这些研究将社会舆情与社会舆情信息分离，造成社会舆情分类的混乱、不科学性与不合理性，导致无法对社会舆情信息进行有效分类；研究成果虽然研究了生命周期内社会舆情（网络舆情）生成、发展、传播路径、演化、衰退的过程，但对生成、发展、演化、衰退之间的内在关联缺乏研究，需要将研究视角从单向度的内容研究转变为"内容关系"的多维度研究。世界的本质是数据，但不是要堆积数据，而是要探寻数据之间的内在关联性，从而提高社会舆情治理决策的科学性、有效性。

第三，已有关于社会舆情治理组织模式的研究，主要集中在问题理论视角与行动规则研究，从国家与社会的理论视角介绍与研究了发达国家社会舆情治理的组织模式、管理场域与战略目标研究、网络舆情治理主体与互动机制研究、社会舆情治理组织适应模式等方面，丰富的研究成果对社会舆情治理组织的构成、行动规则、管理场域、管理目标、互动机制、信息流动、舆情治理组织的能力与发展等问题的研究与解决，对大数据环境下虚拟社会场域中社会舆情的"蝴蝶效应"、局部性问题更容易失控而迅速演变为全局性危机等问题的研究与解决，都提出了许多非常具有见地的观点，这对于完善社会舆情治理体制机制起到了重要的指导作用。但是，已有的研究对于社会舆情治理组织的角色定位、权力边界与组织功能问题的研究，对于大数据环境下社会舆情治理组织间分工协作机制和信息资源共享机制的研究，对于社会舆情治理组织模式如何适应社会舆情演化规律及应对规则的研究等，都还显得有些薄弱。

因此，发挥大数据对社会舆情治理组织模式创新的研究，既需要吸收和运用前人的研究成果，又需要根据大数据时代的特征与需求，进一步拓展和丰富前人关于社会舆情治理组织模式的研究；既要考虑大数据技术环境的属性，又要考虑政治、经济、技术、社会、心理和政策环境的变化，从虚拟社会场域中的社会舆情特征及治理要素分析中研究大数据环境下社会舆情治理组织的角色定位、权力边界与组织功能，从社会舆情的生成、发展、演化、衰退的数据关联分析中研究各种治理组织间分工协作与动态调整规则，研究社会舆情治理组织的运行机制以及政策工具运用。

第四，已有关于社会舆情监测和预警体系研究，主要从技术和应用的角度，对社会舆情传播源、传播渠道、内容价值等不同维度构建了多套社会舆情监测指标体系，从应用的角度还设计了多个行业舆情监测指标体系。同时，已有研究还从多个角度研究构建社会舆情的预警体系和预警模型。已有研究在理论上拓展了社会舆情治理的研究，为构建社会舆情监测指标体系和预警体系开阔了视野、提供了范式；在实践上为有效防范和处置舆情事件、进行社会舆情监测和预警提供了有益指导，具有探索性、开创性。

但是，已有研究还有待进一步丰富和拓展：一是随着人们对于社会舆情在生成、发展、演化、衰退内在机理和内在规律认识的不断提高，随着大数据技术、政治、经济、社会和政策环境的变化，以往的监测指标和预警方式会逐渐落后与过时，以往没有认识到的一些监测指标和预警方式，随着人们认识的提高和环境的变化，需要补充和完善，科学性需要进一步提高，已有社会舆情监测指标、预警方式、预警模型的研究需要丰富和发展；二是已有研究只是注重了监测指标体系的构建，忽视了监测指标背后所需要的信息支撑，忽视了社会舆情信息获取的可行性，社会舆情分析的深度不够，监测指标体系构建与社会舆情信息脱节，导致监测指标、预警方式在实际应用中具有不可操作性、不可实施性，需要把社会舆情监测指标和预警模型构建与舆情信息分析有机联系起来；三是已有对社会舆情监测、预警的研究主要集中在社会舆情信息的采集及信息源的扩展方面，所依据的数据库相对来说比较简单、结构单一、数据量有限，还停留在 TB 级别，在流程上忽视了社会舆情监测与预警之间的内在关联性；四是舆情信息源整合不够，信息采集质量不高，对于舆情预警系统来说，信息源多样，以微博、社交网络、即时通信为载体的"微内容"是主要的信息来源，现有舆情监测手段的信息源明显不够，对各类信息源的整合力度不大，不能实现全网采集，制约了舆情预警的效果，采集算法较为简单，信息采集呈现重复性、非相关性和表层化，导致采集的信息多为重复的、非相关的、浅层的，甚至是虚假的；五是舆情分析过程缺乏智能性，信息分析深度不够，现有舆情预警系统在信息处理方面，要么是将收集的信息经过简单整理后交给工作人员进行人工定性分析和经验判断，要么是借助舆情字典和统计学进行分析判断，导致获取的信息多为统计层面的相关数据，没有深入挖掘数据背后隐含的深层知识，更无法涉及舆情信息的语义层次，系统智能化程度不高；六是舆情预警研判功能偏弱，无法满足决策支持，现有的舆情系统进行预警时多为自动舆情分析报告和人工经验相结合的方式，鲜有设置科学系统的预警研判指标体系，从而导致提供的预警结果的不可预料性和不科学性，无法保证危机预警决策的效果。因为现有的舆情系统进行预警时多为自动舆情分析报告和人工提炼出舆情分析的各项指标与评分方法，但指标体系的构建欠缺深度，对信息源的分类不够细致，对社会舆情的多样性和复杂性信息缺乏充分和系统的考量，终究使得理论上构建的社会舆情监测指标体系难以在实践中发挥作用。

因此，发挥大数据对社会舆情监测和预警体系作用的研究，一是要以社会舆情信息科学分类、充分获取社会舆情信息为基础，运用大数据技术解决社会舆情信息采集困难、获取信息不及时、获取的信息不精准、信息应用不便利等问题，在社会舆情研究的重点上，实现从舆情信息采集转向数据加工、数据挖掘、数据处理和可视化等，实现数据库支持从简单的、有限的数据库转向非结构化的大数据库，实现从注重舆情监测转向注重舆情预警、从单向度的危机应对转向各个领域的综合信息服务。在此基础上构建社会舆情监测指标体系、设计社会舆情监测模式，需要科学规划监测对象、定向采集和元搜索采集，需要兼顾深度和广度；二是要以大数据为基础预测未来，以科学构建社会舆情分析模式、进行社会舆情信息分析为中介，将社会舆情监测指标运用到各类舆情事件之中，对各类舆情事件的严重性程度进行评估与评级；三是要将各类社会舆情事件的评估结果进行运用，根据评估结果进行社会舆情预警。社会舆情预警是来自海量的舆情数据分析的结果，也就是将不同的舆情数据流、信息流整合到一个大型的社会舆情数据库之后，经过评估指标和舆情信息分析，就能够清晰地评判每个（类）社会舆情的等级或级别，从而启动不同的预警预案。

第五，已有关于社会舆情治理中的多部门协同决策模型研究，主要以管理科学、运筹学、控制论和行为科学为基础，以计算机技术、仿真技术、信息技术、大数据技术和云计算为手段，针对半结构化的决策问题进行了研究，进一步推动了数据挖掘技术、决策支持技术的成熟和普遍应用。已有研究从技术角度关于大数据与决策支持的技术性研究成果比较丰富，研究内容也主要集中在如何采用数据挖掘的方法提供决策支持。因此，已有研究从一般原理上为如何运用数据挖掘技术、决策支持技术进行科学决策提供了有力的理论指导；同时，已有研究也开始涉及将数据挖掘技术、决策支持技术应用到社会舆情治理决策中的成果。总体上，已有研究为大数据环境下社会舆情治理决策研究、拓展决策领域、构建多部门和多主体协同决策模型奠定了很好的基础。

因此，已有关于社会舆情治理中的多部门协同决策模型研究还需要在已有研究的基础上进一步深化。因为，大数据环境下社会舆情治理中的多部门协同决策模型研究，就是要根据所获取的海量社会舆情数据，在社会舆情监测、社会舆情分析、社会舆情预警的作用下，根据政治、经济、技术、社会、心理和政策环境的变化情况，根据社会舆情治理过程中不同主体的角色，根据社会舆情在生成、发展、演化、衰退的不同发展阶段，形成跨主体协同的、动态的决策方案，以实现社会舆情治理体系和治理能力的现代化。这种深化研究具体表现为：一是社会舆情事件的应对过程需要由多个主体制订和实施统一的社会舆情事件应对方案，共同采取行动和措施对社会舆情事件进行干预与抑制，社会舆情事件应对和治理过程是多个主体协同管控过程，智能化、自动化的社会舆情治理决策模型正是多部门、多主体协同决策模型；二是采用 HTN 规划技术辅助不同部门、不同主体根据社会舆情生成、发展、演化和衰退的复杂态势设计生成应对行动方案，深化社会舆情治理、导控行动方案制定方法的研究，深化社会舆情的决策支持研究；三是进一步完善社会舆情领域知识建模方法，通过数据之间的关联性分析来识别社会舆情事件应对过程中各级政府舆情管控部门完成的工作任务之间的依赖关系，并有针对性地设计协调规则，力图减少社会舆情事件应对过程中的冲突，最大限度地提高各参与部门、主体之间的行动协调性，将数据仓库、联机分析处理、数据挖掘、模型库、数据库、知识库结合起来形成综合的、智能化的决策系统，并提供一整套"社会舆情处置与导控"的决策方案，包括社会舆情处置预案、媒体渠道、社会舆情处置与导控工具等。

第六，已有关于大数据环境营造和社会舆情治理能力提升的研究，关于大数据应用到社会舆情治理决策研究还处于初级阶段，相关研究成果还较少，如何有效营造大数据环境、如何以大数据为基础提升舆情治理能力的研究，形成政治学、新闻学与传播学、管理学、计算机科学的交叉渗透，形成多学科交叉渗透的综合研究成果，当前还比较缺乏。应用大数据技术推进社会舆情治理体系和治理能力现代化，这是大数据环境下社会舆情治理决策研究与应用的落脚点。在营造大数据环境方面，需要深化对法律制度环境、政策环境、技术环境、标准规范、大数据管理体制机制环境、人才环境等方面的研究，既要促进大数据技术的提升和在社会舆情治理决策中的深度应用，更要提高社会舆情信息的共享度和开发利用水平。在推进社会舆情治理体系和治理能力现代化、提升社会舆情治理能力方面，需要深化对社会舆情治理主体多元化、社会舆情治理手段和方法现代化、社会舆情治理方式的科学化、社会舆情治理行为过程的程序化和制度化以及提高社会舆情治理结果的有效性等方面的研究。

总之，已有研究，一方面表现出明显的开拓性，为大数据在社会舆情治理决策中的应用研究奠定了坚实的基础；另一方面，由于受认识发展阶段的局限，受政治、经济、技术、社会、心理和政策等一系列变量因素的影响，已有研究还具有进一步拓展和丰富的空间，表现出分散研究、学科之间分割和孤立研究的局限。特别是在实现推进国家治理体系和治理能力现代化的目标框架下，健全社会舆情汇集和分析机制、改进社会舆情监测预警和导控工作、营造健康的社会舆论氛围，"防患于未然"，是大数据环境下推进国家治理体系和治理能力现代化的必然要求。这样，如何应用大数据准确把握社会舆情生成、发展、演化和衰退的内在机理，如何应用大数据技术和云计算技术构建社会舆情监测体系、预警体系和智能化的社会舆情治理决策模型，进行社会舆情治理与应对处置的科学决策，就成了当前我国社会治理面临的一个突出问题。

围绕这个核心问题，还将衍生以下具体问题：第一，大数据环境是如何作用于社会舆情生成、发展、演化、衰退的内在机理？大数据环境下社会舆情生成与传播有哪些基本规律？如何进行社会舆情信息的科学分类？第二，在国家治理体系框架下，政府部门介入社会舆情治理的公权力边界和行为准则如何界定？大数据环境下社会舆情治理组织间分工协作机制如何形成？社会舆情治理格局及其运行机制如何建立？社会舆情演化规律和应对规则对于社会舆情治理组织的结构变化与功能变迁有何影响？第三，在社会舆情分类和褒贬分析的基础上，如何建立健全适应不同领域、不同行业舆情的监测和预警体系？如何根据社会舆情监测和预警体系，在获取当前舆情态势和发展趋势信息的情况下就能自动发出社会舆情预警信号，并辅助制订预警方案？第四，如何识别社会舆情事件应对过程中各部门之间以及所完成的工作任务之间的依赖关系，并有针对性地设计协调规则，减少舆情事件应对过程中的冲突，最大限度地提升各参与部门、参与主体之间的行动协调？如何构建社会舆情治理中多部门、多主体协同决策模型？第五，如何营造良好的大数据环境？如何以大数据为基础提升社会舆情治理能力、推进社会舆情治理体系和治理能力现代化？

## 二、大数据在社会舆情监测中的具体应用

传统媒体和互联网是社会舆情的载体，每天都产生着海量舆情信息，反映了社会公众的观点和态度，并可能引发社会公众的群体行为，甚至诱发社会舆情事件。社会舆情及其诱发的社会舆情事件对党委政府的形象和社会心理往往造成严重影响。如何提升社会舆情的识别能力，预测社会舆情可能引发的社会舆情事件，并及时采取预警行动包括把握舆情动态、分析社会舆情数据蕴含的信息、根据社会舆情监测与分析结果进行预警研判、采取预警与导控措施、最大限度减少社会舆情引发的社会舆情事件、营造健康和良好的舆论环境，是社会治理工作的重要内容。

然而，我国社会舆情治理工作中存在着以下问题：一是社会舆情信息源整合不够，信息采集质量不高。对于舆情预警系统来说，以微博、社交网络、即时通信为载体的"微内容"是主要的舆情信息来源，现有社会舆情监测所采集的信息源明显不够，缺乏对各类信息源的整合，不能实现全网采集，制约了社会舆情引发社会舆情事件的预警研判效果。另外，采集算法较为简单，信息采集呈现重复性、非相关性和表层化，导致采集的信息多为重复的、非相关的、浅层的，甚至是虚假的。二是舆情分析过程缺乏智能性，信息分析深度不够。现有社会舆情监测分析系统在信息处理方面，要么是将采集的信息经过简单整理后交给工作人员进行人工定性分析和经验判断，要么是借助舆情字典和统计学进行分析判断，导致获取的信息多为统计层面的结构化数据，非结构化数据缺乏，没有深入挖掘数据背后隐含的深层知识，更无法涉及舆情信息的语义层次，系统智能化程度不高。三是社会舆情预警研判能力偏弱，无法满足社会舆情预警工作的要求。特别是社会舆情监测分析系统在进行预警时多为自动舆情分析报告和人工经验相结合的方式，没有设置科学系统的预警研判指标体系，从而导致提供的预警研判结果具有不可预料性和不科学性，无法保证社会舆情诱发社会舆情事件预警管理的效果，严重影响决策的有效性。这些问题的存在严重影响了社会舆情治理决策水平的提高与能力的提升。

面对上述问题，要提高社会舆情监测分析的科学性、准确性，就必须在第一时间掌握到"与我相关"的角度事件，就必须能够准确采集到"我最需要"的社会舆情信息，就必须不留死角地全网监控到各种舆情信息、随时知道网上在干什么，防止有害信息泛滥传播和舆情失控，追溯社会舆情重点内容的传播途径、研判社会舆情信息的未来走势、全面掌握社情民意，并且为党委政府报送社会舆情简报和专报等。这就为大数据在社会舆情监测与预警体系中的应用提供了广泛需求。

因此，总的来说，大数据在社会舆情监测与预警中的应用主要表现为：一是以社会舆情信息科学分类、充分获取社会舆情信息为基础，运用大数据技术解决社会舆情信息采集困难、获取信息不及时、获取的信息不精准、信息应用不便利等问题，实现社会舆情内在机理的研究，从舆情信息采集转向数据加工、数据挖掘、数据处理和可视化，实现数据库支持从简单的、有限的数据库转向非结构化的大数据库，实现从注重舆情监测转向注重舆情预警、从单向度的危机应对转向各个领域的综合信息服务。在此基础上构建社会舆情监测指标体系、设计社会舆情监测模式、科学规划监测对象、定向采集和元搜索采集有机结合、深度和广度兼顾。二是以大数据为基础预测未来，以科学构建社会舆情动态分析模式，以社会舆情信息分析为中介将社会舆情监测指标运用到各类舆情事件中，对各类舆情事件的严重性程度进行评估与评级。三是将各类社会舆情事件的评估结果进行运用，根据评估结果进行社会舆情预警。因此，监测预警就是基于海量舆情数据分析的结果，也就是将不同的舆情数据流、信息流整合到一个大型的社会舆情数据库之后，通过评估指标和舆情信息分析，就能够清晰地评判每个（类）社会舆情的等级或级别，从而启动不同的预警预案和采取不同的导控措施。

具体来说，大数据在社会舆情监测与预警中的应用主要表现为：

第一，以大数据为支撑实现了社会舆情监测信息的有效采集。影响社会舆情监测及其风险等级评估准确性、客观性的一个重要因素就是舆情信息的采集与获取，采集全面、真实、准确的舆情信息，是消除信息不对称和确保监测和评估结果准确、客观的关键。通过大数据这种创新方式来分析过去、把握现在、预测未来，有利于降低舆情监测、评估和预警过程中舆情信息的采集成本，有利于确保舆情信息的真实性、准确性。

以大数据为支撑实现社会舆情监测信息的自动化采集、自动化处理，在具体含义上就是要通过社会舆情大数据库和数据交换平台实现社会舆情监测、预警系统与各类舆情数据终端的无缝链接，将识别为社会舆情的所有数据资料自动交换到社会舆情监测与预警系统，实现舆情信息生成与舆情监测同步，实现大数据技术对自动化监测预警的支撑。

大数据不仅可以做到自动化采集舆情信息，而且能够自动化处理信息。通过归类与整理信息，对不够或没有采集到的舆情信息，进行补充采集；对存有疑问的舆情信息，进行跟踪采集或鉴定与测验。这是一个去伪存真、去粗取精的加工制作过程，目的是要使采集到的反映各个行业、各个领域的社会舆情信息全面、真实、客观和准确。

政府及部门和所属公务人员、第三方机构、企业、其他社会组织和公民，根据权限调用社会舆情监测与预警系统提供的舆情信息、评估结果和咨询服务，将依从 HL7 CDA 模板设计的社会舆情处置档案文档（XML 格式），上传至社会舆情监测与预警系统。采集的 CDA 文档类型包括各个行业、各个领域的舆情信息和政府及部门、其他组织进行社会舆情治理决策、采取导控措施等不同类型的数据（文档）。文档上传后，通过 XML 解析，提取关键数据元素（METADATA），调用文档存储服务将关键数据元素和 XML 文档存储在 hbase 数据库中，形成社会舆情处置档案文档库。

第二，应用于社会舆情监测系统。大数据应用于舆情监测系统，主要是整合大数据信息采集技术、信息智能处理技术和云计算技术，通过对互联网海量信息自动抓取、自动分类聚类、主题检测、专题聚焦，倾向性研判，实现用户的社会舆情监测和新闻专题追踪等信息需求，形成简报、报告、图表等分析结果，为党委政府全面掌握舆情动态、作出正确的舆论引导，提供分析依据。

第三，分析社会舆情信息。分析社会舆情信息是采取预警行动的依据，应用大数据分析社会舆情信息是将社会舆情监测与预警管理中起关键作用的话题、事件、个体、群体等要素作为分析对象，进行话题发现与分析、社会舆情事件识别、公民个体行为分析和群体行为分析。

## 三、大数据在社会舆情治理中多部门协同决策模型构建的应用

社会舆情往往对社会群体行为具有重要影响，容易引起各类社会群体性事件等社会舆情事件。因此，重视负面舆情对社会秩序和公众心理产生的消极影响，采取有效的社会舆情导控措施和干预手段，积极引导舆情，及时借助媒体通过文字、图片等向公众传递正面的疏导信息，引导公众通过正确的参与沟通渠道参与社会治理，营造健康和良好的舆论环境，提高社会舆情治理的效果，就显得非常必要。在实践中，社会舆情治理部门，例如应急办、宣传部门、公安部门等通过制订与实施统一的社会舆情导控方案，强化多个部门在社会舆情及其诱发的社会舆情事件应对过程中的协调性，提高社会舆情导控与应对的管理效果，从而减少社会舆情及其诱发的社会舆情事件造成的影响和损失。因此，社会舆情事件应对过程需要多个部门制订和实施统一的社会舆情事件应对方案，共同采取行动和措施对社会舆情事件进行干预与抑制。社会舆情治理过程中上级管理部门通过制订统一的社会舆情导控方案，并下达给下级导控部门执行，从而实现社会舆情治理中多部门的纵向协调。另外，社会舆情治理过程中，平等的导控部门之间通过平等的协商，协调不同单位之间的舆情导控行动，实现部门之间的横向协调。

然而，社会舆情及其诱发的社会舆情事件应对过程所构成的管理情景对社会舆情治

理部门开展舆情导控与应对工作、制订与执行社会舆情导控方案提出了特殊约束条件。首先，社会舆情态势往往较为复杂，舆情治理人员需要参考社会舆情事件应急预案和法规，以及成功的社会舆情应对案例，制订在当前舆情态势条件下实现管理目标的社会舆情导控方案，实现更大的社会舆情治理工作绩效。其次，在社会舆情应对过程中，舆情态势动态变化、舆情治理目标动态识别和舆情导控行动执行效果不确定性等因素可能导致当前应对方案不可行，或无法完成识别的舆情治理目标。社会舆情治理人员往往需要对现有导控方案进行调整和修复，及时对以上动态因素和不确定性因素作出响应。最后，社会舆情导控与应对工作涉及的多个政府单位之间往往难以形成稳定和全面的信息共享，无法实现快速联动，缺乏有效整合和统一协调，从而限制了舆情导控整体能力的提升。为了有效解决上述问题，应用大数据来实现社会舆情治理中多部门相互合作与协同决策，成为必要与可能。

社会舆情事件治理工作中面临的决策问题的解决过程往往涉及多部门、多层次的决策行为，是高级复杂的智能决策活动，要求社会舆情导控部门面对复杂与动态的社会舆情态势，根据社会舆情应急预案和管理案例，制订社会舆情导控与应对方案，并通过相互协作，共同应对社会舆情。因此，大数据在社会舆情治理中多部门协同决策模型构建的应用，主要表现为：第一，识别社会舆情治理过程中社会舆情导控部门之间完成的工作任务的依赖关系，通过设计上下级管理部门之间的纵向协调方法与平级部门之间的横向协调方法，力图促进社会舆情治理过程中多部门导控与应对工作的协调性，提高社会舆情治理决策的效果，从而为各级党委政府社会舆情治理部门设计社会舆情导控与应对方案提供智能化的决策支持，提高社会舆情治理决策工作的科学性和有效性；第二，社会舆情事件的应对过程需要多个主体制订和实施统一的社会舆情事件应对方案、共同采取行动和措施对社会舆情事件进行干预与抑制、从多个主体协同导控过程的现实需要出发，构建多部门、多主体协同决策模型；第三，采用 HTN 规划技术辅助不同部门、不同主体根据社会舆情生成、发展、演化和衰退的复杂态势规划生成应对行动方案，深化社会舆情治理、导控行动方案制定方法的研究，深化社会舆情的决策支持研究；第四，进一步完善社会舆情领域知识建模方法，通过数据之间的关联分析来识别社会舆情事件应对过程中各级政府舆情导控部门之间完成工作任务的依赖关系，并有针对性地设计协调规则，力图减少社会舆情事件应对过程中的冲突，最大限度地提高各参与部门、主体之间的行动协调性，将数据仓库、联机分析处理、数据挖掘、模型库、数据库、知识库结合起来形成综合的、智能化的决策系统，并提供一整套"社会舆情处置与导控"的决策方案，包括社会舆情处置预案、媒体渠道、社会舆情处置与导控工具等。

## 四、运用大数据提升社会舆情治理能力的策略

大数据的合理共享和利用将为社会舆情治理创造巨大的社会化价值。社会化数据与以前采集的静态的、结构化数据完全不一样，它具有实时性、流动性和非结构化等特性。人们在社会化媒体上通过交流、购买、出售和其他日常生活活动以免费的方式提供着大量信息。这些数据由每个网民的微行为汇集而成，蕴含着巨大的价值，这将带来社会舆情治理决策的变革。随着大数据时代的到来，社会舆情在数据体量、复杂性和产生速度等方面，正发生着巨大变化。社会舆论处理方法，已超出传统常用的框架。用一句形象的话说就是，社会舆情正成为社会舆论分析和引导工作的基础和晴雨表，以大数据观念变革传统社会舆论引导思维，准确把握社会舆情的内在特征及其在演化过程中的潜在规律，对于新形势下做好社会舆论引导工作、维护网络社会安全，具有重要的理论意义和实践价值。

在大数据环境下，应用大数据管理技术来改善及提高社会舆情治理决策与服务水平，尤其对于社会舆情的治理可以起到非常直接的作用。一方面，利用大数据技术把积累的海量历史数据进行挖掘利用，可以提供更优质的公共服务；另一方面，通过对卫生、环保、灾害、社会治理等公共领域的大数据实时分析，提升突发事件的预判能力，为实现更科学的公共危机管理提供决策基础。

应用大数据提升社会舆情治理能力是基于前期对社会舆情发生和发展的内在机理，利用社会舆情信息之间的关联特征，有效地收集并梳理海量数据之间的关联性，并基于一套从现场海量案例库抽取建立起来的社会舆情监测体系之上，通过舆情诱发事件的预警管理体系，能对社会舆情的发展趋势作出精准的判断和预测。这样我们可以积极地利用社会舆情事件应对的多部门协同决策模型，作出合理的、及时的应急处置响应。

运用大数据提升社会舆情治理能力，主要表现为：

第一，营造和改进大数据应用的环境。大数据应用环境的改善与大数据作用的有效发挥，是相互作用、有机联系的两个方面。从法律制度环境、政策环境、技术环境、标准规范、大数据管理体制机制环境、人才环境等方面深化大数据应用的环境。既要促进大数据技术的提升和应用拓展，更要提高社会舆情信息的共享度和开发利用水平，展示出大数据在社会舆情治理领域的力量。在推进社会舆情治理体系和治理能力现代化、提升社会舆情治理能力方面，营造和改进大数据应用的环境、发挥大数据推进社会舆情治理体系和治理能力现代化作用，具体表现为社会舆情治理主体的多元化、社会舆情治理手段和方法的现代化、社会舆情治理方式的科学化、社会舆情治理行为过程的程序化和制度化及提高社会舆情治理结果的有效性等方面。

第二，构建社会舆情治理决策的大数据思维。大数据引起了对实验科学、理论科学

研究与分析方法的重新审视，人们开始寻求模拟的方法，使得数据研究与应用已引起学术界和各国政府的高度重视，并已成为重要的战略布局方向。面对浩瀚无边的信息海洋，宏观的数据掌控与全局性的贯彻才能够还原社会化媒体中世界的原貌，信息爆炸催逼突发事件舆论应对的思维转变，需要从全局性、相关性和开放性三个维度全面构建大数据思维。

全局性：改变固有信息思维定式，不再执着于舆情信息的确定性与精确性。海量即时数据面前，已经没有绝对精准的舆论应对，而对突发事件议程设置、话语整体态势的把握，明确突发事件中舆论主体的身份构成、话语倾向、利益诉求才是应对成功的关键。因此，大数据时代从海量数据中挖掘有价值的信息运用于社会舆情，取代以往抽样调查的方法。

相关性：关注相关信息，运用相关信息，分析相关信息。大数据时代对于事件的舆论应对来说已经没有必要梳理纷繁复杂的信息间的因果关系，而是探索确认信息之间的相关关系。信息病毒式的裂变传播，早已将传播中的因果链条分散。而裂变的信息复制却总是存在着相同的数据基因，通过相关性挖掘能够发现其中的发展趋势。

开放性：突破国界的全球化应对。大数据时代新的媒体技术突破了人际传播的地域性，局部消解了传统媒体的可控性，将整个世界都互联在一起，碎片化信息传播模式令信息传播的路径变得越来越难以预测，开放的信息平台的存在成为如今突发舆论应对不得不面对的现实。

第三，完善社会舆情的大数据管理机制。要实现数据"增值"就需要有相应的技术和能力，一种能够收集、分析海量数据的新技术，而这样的技术对于社会舆情治理来说将开启一个新的时代。大数据背景下的社会舆情治理工作的重点在于：一是要面对海量的、无序的数据如何做到快速分析、及时反应和动态应用持续关注；二是如何在技术上实现对海量数据和信息的存储、深度挖掘和实时监测，特别是实现精准的采集和预警。对于社会舆情事件的舆情信息管理，这样的技术既是具体的信息处理手段，更是一整套挖掘数据、分析信息、运用信息的大数据管理机制。社会舆情的大数据管理机制主要表现为事前预警机制、事中控制机制、事后评估机制三个部分。

第四，创新社会舆情的引导方式。面对大数据环境，对于社会舆情的引导，除了加强顶层设计之外，还需要在具体操作层面上寻找大数据时代社会舆情的引导策略，"提升同媒体打交道的能力"，即提升运用社会化媒体能力，加强与传统媒体合作，掌握舆论主动权。因此，大数据时代突发事件舆论引导应依靠信息数据管理，运用数据挖掘、情绪分析、自然语言分析等大数据信息技术分析突发事件相关信息，预测网络民意走势；面向网络社会，利用神经网络、神经分析等大数据信息技术识别潜在微博意见领袖，分析社会化媒体中个体间的社交关系，提高舆论引导针对性，加强与微博意见领袖的沟通，最终实现引领微平台意见的目的。

一是政府由数据"收集者"向数据"分析者"转变。"大数据"时代，收集、管理和分析数据日渐成为网络信息技术研究的重中之重，以非结构化和半结构化数据高效处理为基础的数据处理与分析技术，将促进数据向知识的转化、知识向行动的跨越。这就需要从数据围着处理器转改变为处理器围着数据转，是要将计算推送给数据而不是将数据推送给计算。因此，这就必须首先让数据关联起来。联合国"全球脉动"计划将数据的分析价值、数据与政策的相关性以及使用个人数据的隐私三个内容列为"大数据"时代可能面临的问题，由此可见数据分析的重要性和难度。分析的首要前提是让看起来不相关的数据真正地关联起来；其次，让"盲数据"活起来。政府掌握着大量的、关键的数据，是数据时代的财富拥有者，但目前政府掌握的数据很多都处于休眠状态，如何让这些"盲数据"发挥出活力，是"大数据"时代政府面临的关键问题。

二是积极推动政府数据开放，由数据"被索取者"向服务"推送者"转变。随着信息技术的发展、民主意识的崛起、政府执政理念的转变，政府也在逐渐转变自己的角色，虽然缓慢，但是已开始行动。美国总统奥巴马在讲话中提到：为了引领一个开放政府的新时代，面对信息，政府机关的第一反应必须是公开。这意味着我们必须坚定地公开信息，而不是等待公众查询。所有的政府机关都应该利用最新的技术推进信息公开，这种公开应该是及时的。

三是政府决策由"预报"走向"实报""精报"的发展路径。"预报"走向"实报"。2009年联合国最先提出"数据脉动"，并发布《联合国"全球脉动"计划——大数据发展带来的机遇与挑战》报告，计划在研究、创新实时信息数据分析的方法和技术，集中整合开放源码技术包，分析实时数据并共享预测结论等方面开展相关试验。在"数据脉动"计划中，联合国强调数据的实时性，要求通过分析实时信息数据形成预测，追求政府决策由"预报"向"实报"的过渡。

"精报"源于"实报"。只有充分掌握社会舆情发展变化的大量实时数据，才能形成精准的分析报告。"大数据"时代，政府通过运用信息化工具，将数据挖掘采集到的新信息应用于支撑官方统计数据、调研数据和预警系统生成的信息，更加深入地区分人类行为和经历的细微差别，通过实时操作以上步骤，使信息与时间保持同步。

结合社会舆情监控和预警的指标体系、决策模型和数字化过程，对当前社会舆情的治理方式、响应过程和手段进行汇总，对社会舆情监控和治理的业务过程进行分析建模，并依托政府部门为试运行基地，与专业的计算机软件公司"产学研"结合，以"需求调研—需求分析—架构设计—阶段交付—试运行—交付验收"的"螺旋式迭代开发"方法，运用快速原型法，很快地调整适应实际需求，开发设计出能利用大数据技术积极有效地获取网络信息的系统，并以此为基础围绕社会舆情预警体系和决策模型，开发设计网络舆情监控系统和社会舆情数据分析系统。

# 参考文献

[1] 郭晓科.大数据 [M].北京：清华大学出版社，2013.

[2] 董欣.大数据管理丛书大数据集成 [M].北京：机械工业出版社，2017.

[3] 吴思远.数据挖掘实践教程 [M].北京：清华大学出版社，2017.

[4] 王振武.大数据挖掘与应用 [M].北京：清华大学出版社，2017.

[5] 蔡晓妍，张阳，李书琴.商务智能与数据挖掘 [M].北京：清华大学出版社，2016.

[6] 数据挖掘技巧编写组.数据挖掘技巧 [M].北京：中国时代经济出版社，2016.

[7] 张良均.R 语言与数据挖掘 [M].北京：机械工业出版社，2016.

[8] 毛国君，段立娟.数据挖掘原理与算法 [M].北京：清华大学出版社，2016.

[9] 王振武.数据挖掘算法原理与实现 [M].北京：清华大学出版社，2017.